素晴らしきサイエンス
BIOLOGY

ぼくらは「生物学」のおかげで生きている

WE LIVE THANKS TO BIOLOGY

金子康子・日比野拓

実務教育出版

はじめに

今からおよそ37億年前、地球に生命が誕生し、その生命の長い歴史を経て出現したヒトは、地球上の種々の生物と関わり合い、多くの恩恵を受けて生きています。まさに、〝(他の多くの)生物のおかげで〟生きているのです。

この本では、さまざまな生物が長い歴史の中で獲得した生命の巧妙なしくみと、それらが私たち人類の生活にどのように役立っているのかを、わかりやすく解説することを目指しました。本書を通して、生物の奥深さ、複雑さ、面白さとともに、多様な生物がいかに私たちの生活に深く関わっているかを感じていただければうれしく思います。

人類は、まわりを取り巻く生命(生物)を理解するため、そして自分たち自身を理解し、より良い生活を送るために生物の研究を続けてきました。顕微鏡ではじめて細胞が見つかり微生物が観察されたのが17世紀、リンネが生物に学名をつけて生物種を体系化したのが18世紀、チャールズ・ダーウィンが進化論を発表したのが19世紀、DNAの2重らせん構造が明らかになったのが20世紀半ばのことです。この頃には、電子顕微鏡も実用化され、さまざまな細胞内の構造がくわしく観察されるようになりました。そして、20世紀後半から21世紀にかけて生物学は目まぐるしく進展してきました。

それでも、生物に関して未解明な部分がいかに多いかということも痛感しています。実際、学名がつけられている生物は、地球上に存在する生物の1パーセントとも、10パーセントとも言われています。まだ誰も見たことのない生物がたくさん存在し、誰も知らない膨大な生命現象があるのです。この先10年、20年の間に、生物に関してどれだけ新しいことが明らかになるのか、考えるだけでもとても楽しみです。


本書の執筆については、動物学関係を埼玉大学教育学部の日比野拓准教授が、そして植物学関係を私、金子康子が担当しました。

私自身は植物の研究を、主に電子顕微鏡を使って続けてきました。生物電子顕微鏡の世界はまだ発展途上で、新しい技術が次々と開発されています。この本にも、そのような先端的な電子顕微鏡で撮影した写真が何枚か含まれています。新たに開発された顕微鏡技術で、それまで見ることのできなかった微細な世界を見る驚きも、ぜひ感じていただきたいと思います（本書で紹介する走査電子顕微鏡（ＳＥＭ）像の大半はテクネックス工房のタイニーＳＥＭで撮影しました）。

本書に用いた写真には、これまで多くの方と共同研究をする中で撮影してきたものがたくさんあります。特に電子顕微鏡と植物研究の師である松島久先生が撮影された写真を何枚も使用いたしました。また、これまでに研究室に所属した学生が撮影した写真や、学生実験で学生と一緒に撮影した写真も含まれています。

楽しみながら一緒に電子顕微鏡で観察した埼玉大学教育学部理科専修の学生たち、学生実験の顕微鏡写真を撮影してくれた大学院生の鰺坂瑞暉君、写真処理を手伝ってくれた厚沢季美江さん、みなさんのおかげでいろいろな写真を揃えることができました。そして、原稿を読んでコメントしてくれた娘たち、いつも励ましてくれるタモさん、本の完成を待つ88歳の母、ありがとう。

最後に、このような形の本を実現するきっかけとすべを提供してくださった実務教育出版の佐藤金平さん、編集工房シラクサの畑中隆さんに感謝いたします。

2015年11月

金子康子

Contents

ぼくらは「生物学」のおかげで生きている

PART 2 「細菌・植物・動物」の生き残り戦略

PART
3

生命をつないできた「生物」のしくみ

PART
4

不可能を可能にする「植物」の工夫

PART 5

意外に知らない「生物」のふしぎ

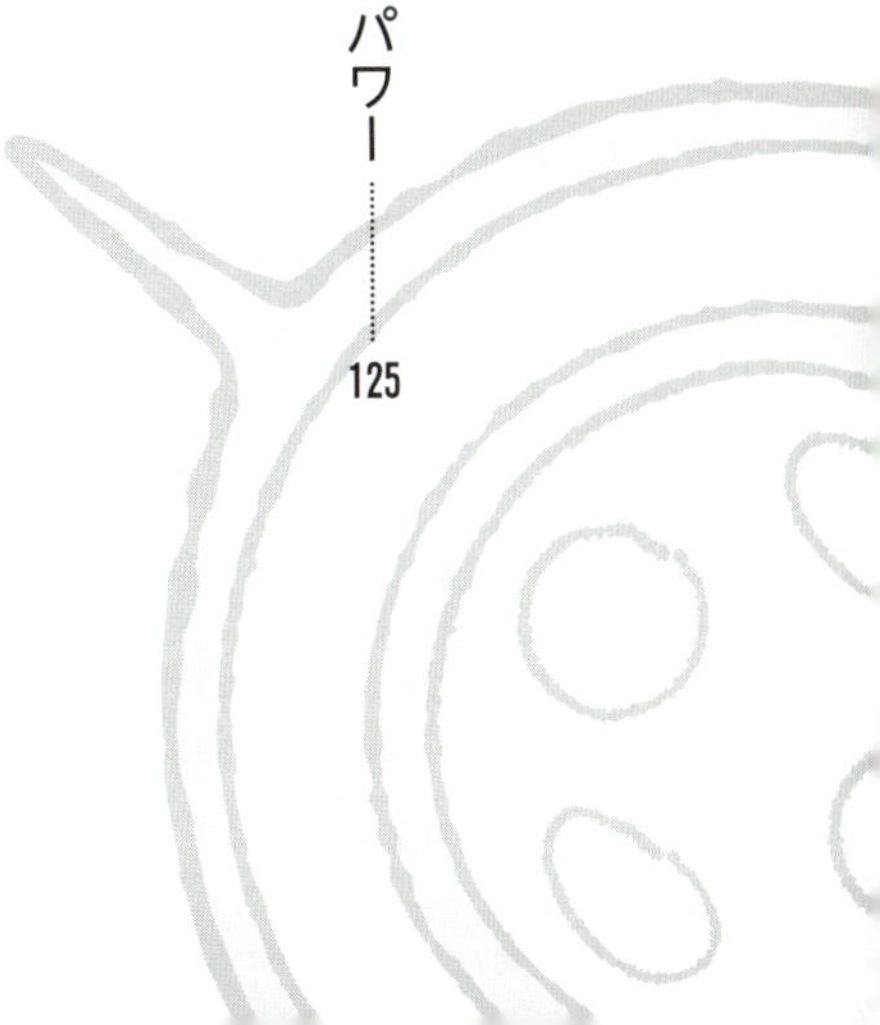

PART 6 「生物学」を支えた法則・発見

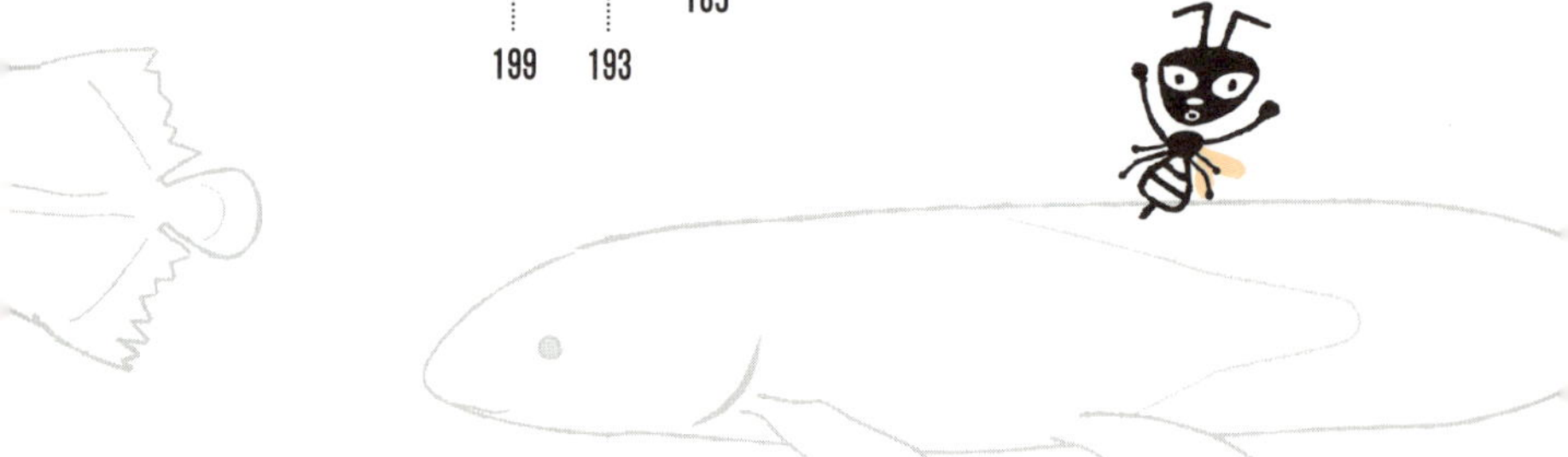

PART 7

「生物学」の隠れたエピソード

金子康子、執筆担当

はじめに
2章　03
3章　01、03、04、05
4章　01、02、03、04、05
5章　04、05
6章　03、04、05

日比野拓、執筆担当

1章　01、02、03、04、05
2章　01、02、04、05
3章　02
5章　01、02、03
6章　01、02、06
7章　01、02、03
おわりに

装丁／井上新八
カバー写真／© Imgorthand/Getty Images
イラスト／福々ちえ
本文デザイン・ＤＴＰ／新田由起子（ムーブ）
編集協力／シラクサ（畑中隆）

PART 1

医学と健康に貢献した「生物」たち

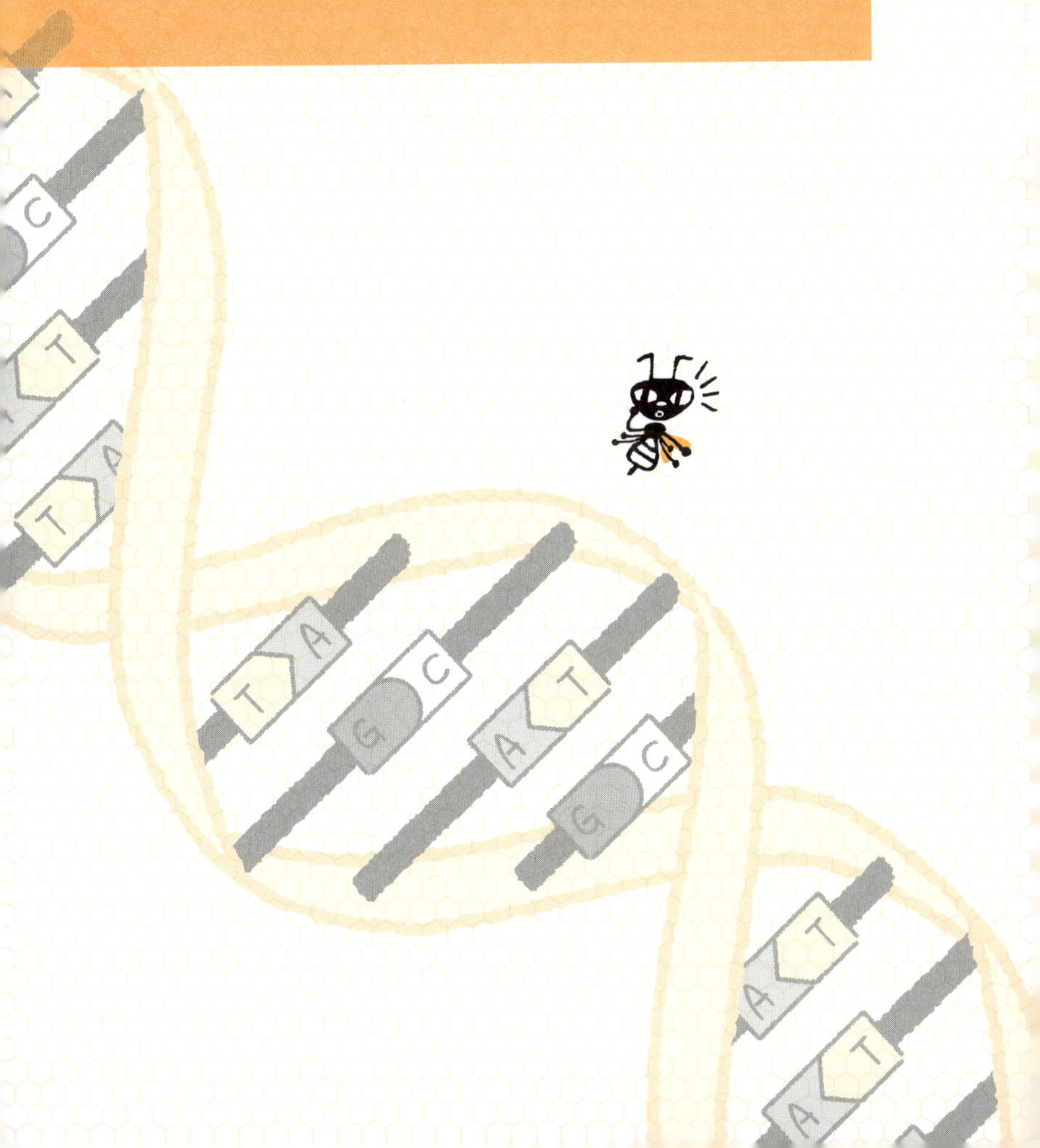

01 体の中で光り、目印となるオワンクラゲの「GFP」

緑色蛍光タンパク質
(Green Fluorescent Protein: GFP)

GFPとは、オワンクラゲがもつ蛍光タンパク質のことで、2008年にノーベル化学賞を受賞した下村脩博士によって発見された。遺伝子改変により、赤色や青色の蛍光を発する変異型GFPも開発されている。

サイリュームはなぜ光るのか?

人気アイドルなどのコンサートでは、観客がケミカルライト、あるいはサイリュームと呼ばれる蛍光棒を右に左に振りかざしています。暗い屋内や夜の野外コンサートでは、舞台上から観客の様子はわかりませんが、緑やオレンジ、ブルーに光るサイリュームだけが夜空に浮かぶ星のように輝いて、ひときわ美しい世界を演出します。

このサイリュームはなぜ光るのでしょうか。棒の中に別々に収納されているシュウ酸ジフェニルと過酸化水素という二つの溶液が、使用時に棒を折り曲げることで混ざり、蛍光色を放ちます。つまり、二つの物質が化学反応を起こすことで、ある波長の光が放出され、その光の波長の違いによって、オレンジやブルーなど、さまざまな蛍光色となるのです。

化学的なことはさておき、コンサートの舞台に戻りましょう。なぜ、観客はサイリュームを振るのか、おわかりですか。「コンサートを盛り上げるため」という目的もあるでしょうが、熱狂的なファンにとってはステージに立っているお目当てのアイドルに、「私はここにいるのよ！」ということをアピールすることが第一義の目的のようです。数万の観客のいる暗い会場で、自分を目立たせるためには、目立つ蛍光色を放つことは大きなメリットになるからです。

最近ではサイリュームを振りかざして独特の踊り〝オタ芸（アイドルオタクの応援芸）〟をするファンの集団もいます。この蛍光集団の独特な動きは、きっとアイドルの目に入っているとことでしょう。あまりにも過激な動きをすると、警備員に排除されてしまうかもしれません。

発光の主役イクオリンと、脇役ＧＦＰの発見

緑色蛍光タンパク質（**ＧＦＰ**＝Green Fluorescent Protein）と呼ばれる、蛍光を発するタンパク質があります。２００８年には、このＧＦＰの発見と開発で日本人の下村脩《おさむ》博士がアメリカの研究者とともにノーベル化学賞を受賞しました。受賞が決まった後、ニ

●オワンクラゲを黄緑色に光らせる二つの物質

イクオリン

カルシウムイオン濃度によって青色に発光する。

GFP

イクオリンの青い光を黄緑色に変化させる。

ユースや新聞で登場した下村氏の手には、黄緑色の蛍光を放つＧＦＰが入った試験管があったことを覚えている方も多いのではないでしょうか。

下村氏がＧＦＰを発見し、その後2名のアメリカの研究者がこのＧＦＰを生物学や医学の分野への応用に努力しました。現在では、ミクロなものを見えるようにするツールとして、ＧＦＰは生命科学の研究になくてはならないものになっています。

下村氏は、「オワンクラゲはなぜ黄緑色に光るのだろうか？」という疑問への答えを出すために、長年アメリカで研究を行なってきました。エサとなる小魚をおびき寄せるために発光している、という生態学的な解明ではなく、「オワンクラゲがもっている、どの物質が発光するのだろう？」という、生化学的な解明を目指したものでした。

長年の研究で、オワンクラゲを約85万匹も採集し、発光するクラゲの傘の先端部分を切り取り、発光物質の抽出に取り組みました。そして、ついに二つのタンパク質を精製することに成功したのです。

抽出したものは、一つは**イクオリン**。もう一つが、緑色蛍光タンパク質（ＧＦＰ）だったのです。イクオリンがカルシウムイオン濃度によって青色の光を放ち、ＧＦＰがその青色の発光を黄緑色の発光へと変化させることがわかりました。つまり、ＧＦＰは発光においては本来は脇役で、イクオリンの青い光の波長を少し変化させるという役割を持っていたに過ぎないのです。

その後も下村氏は、主役であるイクオリンの研究を主軸に置いていましたが、他の研究者が注目したのは脇役のＧＦＰの方でした。下村氏のノーベル受賞の第一声は、「イクオリンではなく、なぜＧＦＰなの？」というコメントで、ここからも下村氏がそれほどＧＦＰに注目していなかったことがわかると思います。

GFPはなぜ注目されたのか？

では、なぜ脇役のＧＦＰがそれほど注目を集め、生命科学の分野において不可欠な存在になったのでしょうか。

生命科学の研究者が、ヒトやマウスの体内の約30兆個（かつては60兆個と言われていたが、現在は30兆～40兆個と推定されている）の細胞の中から自分が知りたいものだけのはたらきを注視したり、取り出したりするのは大変難しいことです。神経細胞は非常に細く、他の細胞の間を縫うように存在しているし、初期のがん細胞と近隣の正常な細胞の違いは見分けがつきにくいものです。

もし、自分が知りたい細胞が、サイリュームのように「私はここにいるよ！」とアピールしてくれれば、こんなうれしいことはありません。そこで、熱狂的ファンがサイリュームを振りかざすがごとく、目的の細胞を目立たせるためにＧＦＰが使われるのです。

もう一つ、ＧＦＰが多用されるようになった理由があります。それは、細胞あるいはその生物が「生きたまま」体内でＧＦＰを光らせることができるということです。前述のサイリュームの話では、発光するために化学物質の混合が必要になりました。サイリュームの二つの化学物質は毒性を示すため、生物の体内では使うことはできません。またイクオリンの発光に使うカルシウムイオンは、さまざまな生体機能に関わっているため、安易に操作できません。

体の構成成分であるタンパク質でできていて、その他の化学物質は不要であること。そして、蛍光を放たせるためには外から光を当てるだけでよいこと。ＧＦＰは、このような体にやさしい発光のしくみをもっていました。生命科学の研究に、これほどピッタリとあてはまるものはなかったのです。

GFPは「観察ツールから特効薬づくりのツール」へ

現在、GFPで光らせたがん細胞を用いて、がんのしくみの解明が進められています。マウスの体内で、GFPの蛍光を放つがん細胞がいつどのように増殖し、また転移をするのか、生きたまま観察することにより、多くの知見が得られています。

今後は、単にヒトの体内のがん細胞をGFPで光らせるということだけではなく、このGFPマウスの知見から、いかにがんの特効薬を開発し、その薬の評価をするのかという新しい方向へ進んでいくと見られています。GFPを光らせる細胞の中でも、特に過激な動きをして他の細胞に迷惑をかける細胞集団だけを真っ先に駆除するような特効薬の開発が期待されているのです。

02

「胎生」のヒトをウイルスから救う「卵生」のニワトリ

胎生と卵生

哺乳類のように、卵が母親の子宮の中で、母体と結合して発生していくことを「胎生」と言う。それに対し、魚類・両生類・爬虫類・鳥類のように、卵を体外に産み、その卵が母親とは独立に発生していくことを「卵生」と言う。

無精卵と有精卵の違い

スーパーで売られているパック詰めされた卵は、普通は無精卵と呼ばれているものです。無精卵とは文字通り、「精子が入っていない未受精の卵」のことを言います。養鶏場では、メスのニワトリのみを飼育していて、卵を生ませ続けています。

一方、**有精卵**は精子が入っている卵、つまり受精し、細胞が増殖する卵です。

オスとメスのニワトリを一緒に放し飼いしている自然派の養鶏場では、この有精卵を生産しています。有精卵は健康志向の方がお取り寄せで購入するような特注品で、値段もめっぽう高く、滅多にスーパーの店頭に出回ることはありません。

無精卵はなぜ産み落とされるのか？

私たちヒトは、お母さんのお腹の中で精子と卵子がめぐり合って受精し、その後、胎児が成長し、約10か月後に赤ちゃんが産まれます。では、ニワトリの場合、無精卵は精子と出会っていないのに、なぜ生み落とされるのか……。

実は、これはニワトリだけでなくヒトも同じで、メスは性周期に沿って定期的に卵を産む「排卵」を行ないます。産み落とされた卵がその後、受精するかどうかは関係ありません。しかし、排卵が定期的に続くかどうかは、受精したかどうかが関係しています。ヒトの場合は、受精が成功すれば、その次の排卵はストップします。ニワトリの場合は、たとえ無精卵であっても、「受精卵が産まれた！」と思い込んで卵を温め始めると、次の排卵はストップしてしまいます。そこで養鶏場では鶏卵をすぐに回収して、ニワトリの性周期を止めないようにしているのです。

ヒトの卵子は直径130㎛（ミクロン）で、その周囲は透明帯と呼ばれるゼリー状の層に覆われています。精子はこの透明帯を破り、卵子に侵入して融合します。精子が頭をねじ込んで卵子に到達する映像を、テレビで見たことのある方もいるかもしれません。カモノハシを除く哺乳類は胎生で、卵は体内で守られているので、それほど立派な殻で覆われる必要がないのです。

ニワトリが1日に1個しか卵を産まない理由

一方、魚類・両生類・爬虫類・鳥類は卵生であり、殻で覆われた卵を体外に産みます。特に爬虫類や鳥類は陸上に卵を産むので、外敵（細菌やウイルスを含む）と乾燥の両方から守るために、硬い殻で覆われていなければなりません。

では、ニワトリの卵はどのように受精が起きるのでしょうか。ニワトリの卵は硬いカルシウムの殻で覆われていますが、実は受精のときにはその殻はまだできていません。卵巣からは、まず「卵黄（卵の黄身の部分）」のみの状態で排卵され、この卵黄に精子が出会って受精が起こります。その後、「卵白（白身の部分）」が形成され、最後に約1日かけて黄身と白身を覆うカルシウムの殻が形成されていきます。メダカなどの魚類の受精を見ていると、受精後すぐに卵を産みつけるのですが、ニワトリの場合は、（有精卵の場合）受精から1日たって殻ができ、卵が産み落とされます。ニワトリが1日に1個の卵を産むのは、卵の形成時間が関係しているのです。

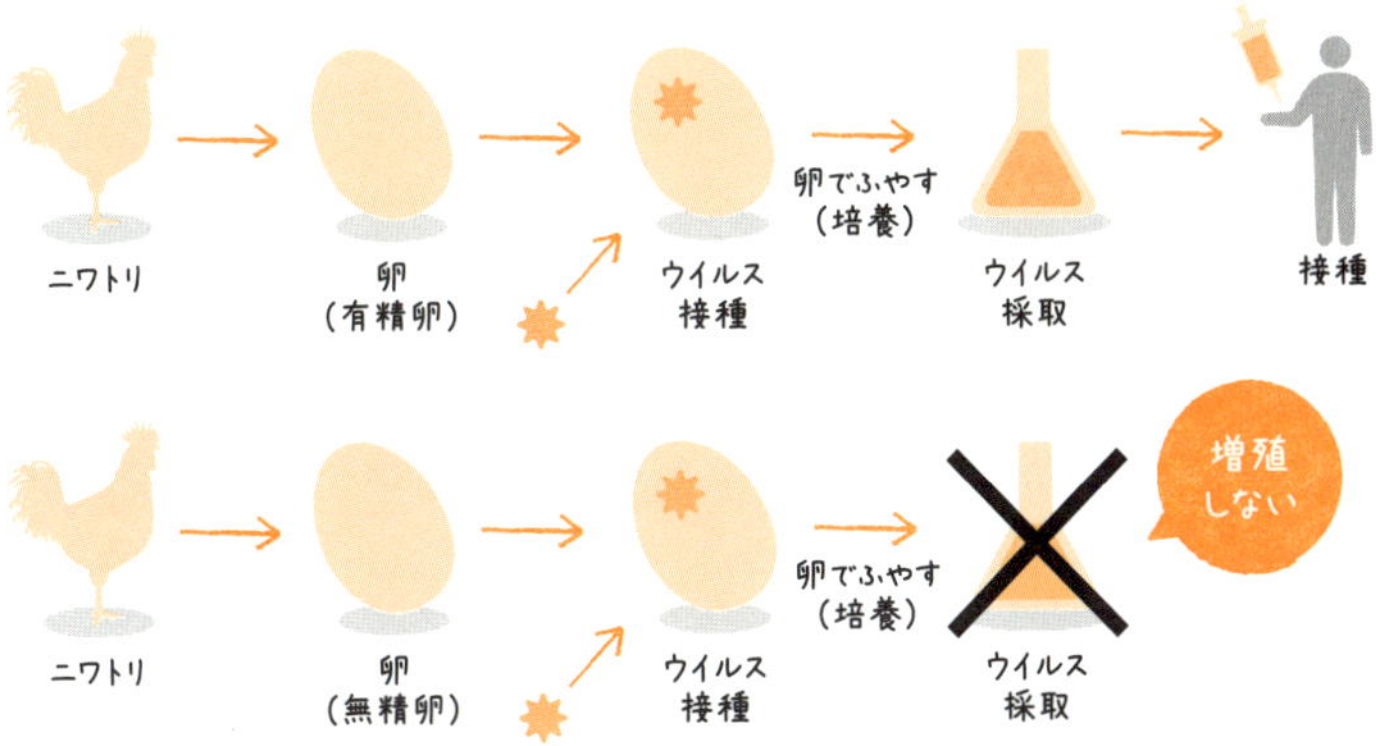

ワクチン製造に役立つ有精卵

ニワトリの有精卵は、私たちの食卓にあがる機会はあまりありません。しかし、別の形で私たち人間社会に大いに役立っています。それは、**ワクチン**の製造です。

ワクチンとは、例えば新型インフルエンザが流行する前に、病院に行って予防接種をする、あの注射のことですが、厳密には細菌やウイルスの病原性を弱めたり、無毒化したもののことを言います。あの注射液の中には、ウイルスや細菌（の一部）が入っているということです。

新型インフルエンザが本格流行する前に、微量の不活性化したウイルスをヒトの体内に注入しておけば、自身の白血球に「インフルエンザウイルスは敵である」ということを覚えさせることができ、その病気にかかりにくくなります。

ワクチンを製造するということは、インフルエンザウイルスを増殖させるということです。数千万人分のワクチンを製造するには、大量のインフルエンザウイルスが必要になります。そこで使われるもの――それがニワトリの有精卵です。

ウイルスは自力では生きていけず、他の生物に侵入し、その細胞内でしか増殖できません。細胞が分裂・増殖するためのしくみを利用して、ウイルス自身も増幅します。ニワトリの有精卵の中は、胚が発生し細胞が増殖している状態ですから、ウイルス自身が増殖するのに大変良い環境と言えるわけです。

一方、スーパーで売っている無精卵の中では胚が発生していないので、ウイルスを入れても増殖しません。そこで有精卵にウイルスを注射して3日間ほど温めた後、ウイルスを大量に含んだ尿膜腔液《こうえき》を採取して、不活性化などの調整をしてワクチンを製造します。

このようにニワトリの卵は、無精卵であっても食べることで元気になれるし、有精卵を利用することでウイルス感染から身を守って元気を与えてくれる、とてもありがたい存在なのですね。

03 健康の秘訣は「腸内細菌叢」にあり！

腸内細《さい》菌《きん》叢《そう》（腸内フローラ）

ヒトや動物の腸内に生息し、宿主と共生している多種多様な細菌の集まりのこと。

腸内には細菌が１００兆個も棲んでいる

　皮膚には、多くの細菌が棲みついていますが、普段はほとんど人体に悪さをしません。皮膚１cm平方あたり、１０００～１万個の細菌が棲息しているのです。石鹸で体を洗うと一時的にいなくなりますが、しばらくしたら毛根や汗腺に隠れていた細菌が表面に出てきて、また元通りに戻ります。

　では、体内にはどのくらいの細菌がいるのでしょうか。腸内にはなんと１００兆個以上という、驚くほど多くの細菌（腸内細菌）が棲みついています。ヒトの体をつくっている細胞の総計は30兆～40兆個ですので、実に3倍もの細菌が腸内に棲息していることになります。なお、同じ体内であっても、筋肉や骨や血管などにはほとんど細菌は棲息していません。

●ウニ胚のでき方を見ると、ヒトの腸の正体がわかる

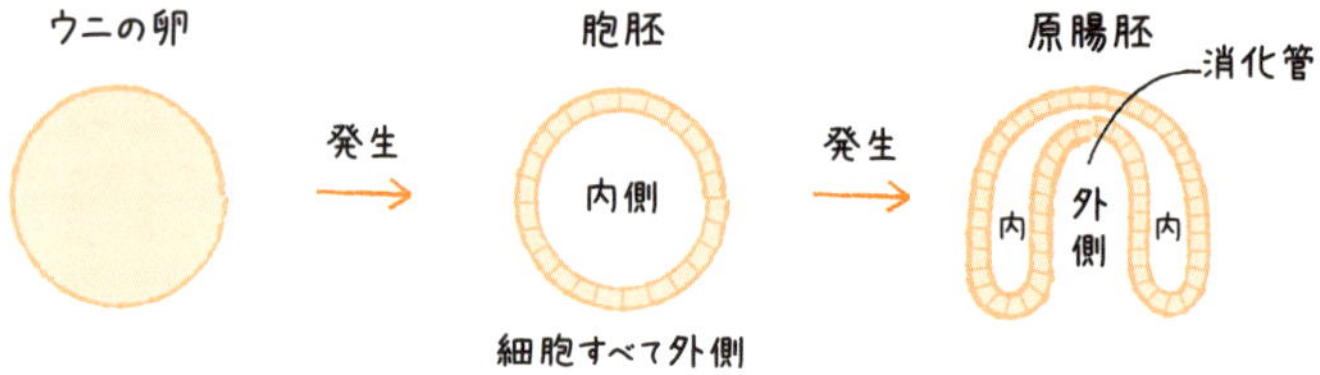

腸は昔、体の外にあった？

皮膚は体の外側ですから、細菌がたくさん棲みついているのは納得できます。体内でも筋肉などにはほとんどいないと言いました。では、なぜ腸内にだけ、こんなに多くの細菌が棲みついているのでしょうか。

それは昔、腸は皮膚と同じく「体の外側」だったからです。高校の教科書に出てくる、ウニの発生を観察するとよくわかります。ウニの卵は受精後、細胞分裂を繰り返し胞胚《ほうはい》になります。この胞胚とは、一層の細胞が風船のように並んでいます。つまり、すべての細胞が外に面しているのです。その後、胞胚の一部分の細胞が、内側へ入り込んで1本の管をつくります。これが、肛門から口までの消化管です。消化管のでき方は人間も同様で、もともと外側だったところが内側に入り込んで、複雑に折りたたまれた形になったのが腸なのです。

〝3秒ルール〟という冗談をご存じでしょうか。床に落ちた食

べ物は3秒以内であれば汚くないから食べても大丈夫、というものです。生物学者としては、「実際汚くなったけれど、食べても大丈夫だよ。だって、腸はもともと体の外側だったのだから……」と認識を改めることをおすすめします。

腸内細菌を人間社会にたとえると

腸内細菌がどのようなものかを説明するにあたって、わかりやすいように人間の生活にたとえてみましょう。腸内を「町の中」に、細菌を「町の人々」に置き換えて想像してみます。

この町（腸内）は外界の影響を受けず、気候が一定していて常に暖かく、南国のような環境です。それに加え、一日に三回もお上から無料で食料が配給されます。配給の中で、特に人々（細菌）に人気があるのが食物繊維で、もらった人々は大喜びです。このように、この町は楽園のような土地ですので、多くの人々が住みつき、人口密度が非常に高くなっています。都会の高層マンションどころではありません。朝のラッシュアワー並みの混雑ぶりです。

そこへ、新参者（細菌）が移住しようとやってきました。どうやらこの土地が気に入り、定住したいようですが、もう余っている土地がありません。仕方なく町を通り過ぎて外へ出ていきます。新参者の中には病原性をもち、強引にその土地の住人を押しのけて入り込もうとする悪い輩もいるかもしれません。そんな輩は、町をパトロールする警官（**免疫細胞**）によって排除されてしまいます。

反政府勢力のように、新参者が一気に押し寄せてきた場合はどうでしょうか。数にものを言わせて、これまでの住人を押しのけ、かつ警官も手出しができないほど抵抗し、ついには町の一部を占拠してしまいます。このようなときは、お上が町すべてを強制排除します。これが人の体に「下痢」として現れます。

このように少しの病原性細菌なら、誤って食べてしまったとしても感染しないのは、すでに棲みついている腸内細菌のおかげなんですね。

腸内フローラのバランスが大切

腸内細菌は、ヒトが消化できない食物繊維を消化し、ヒトに対してエネルギー源を供給してくれます。それに加え、ビタミンBやビタミンKを合成し、ヒトに供給するはたらきもしてくれます。

人間が口から食べたものが腸内細菌に栄養を与え、腸内細菌からはこのような見返りを受け取ります。両者がともに利益を受ける関係（**相利共生**）が成り立っているのです。

●腸内細菌を入れ替えると、思わぬ結果が……

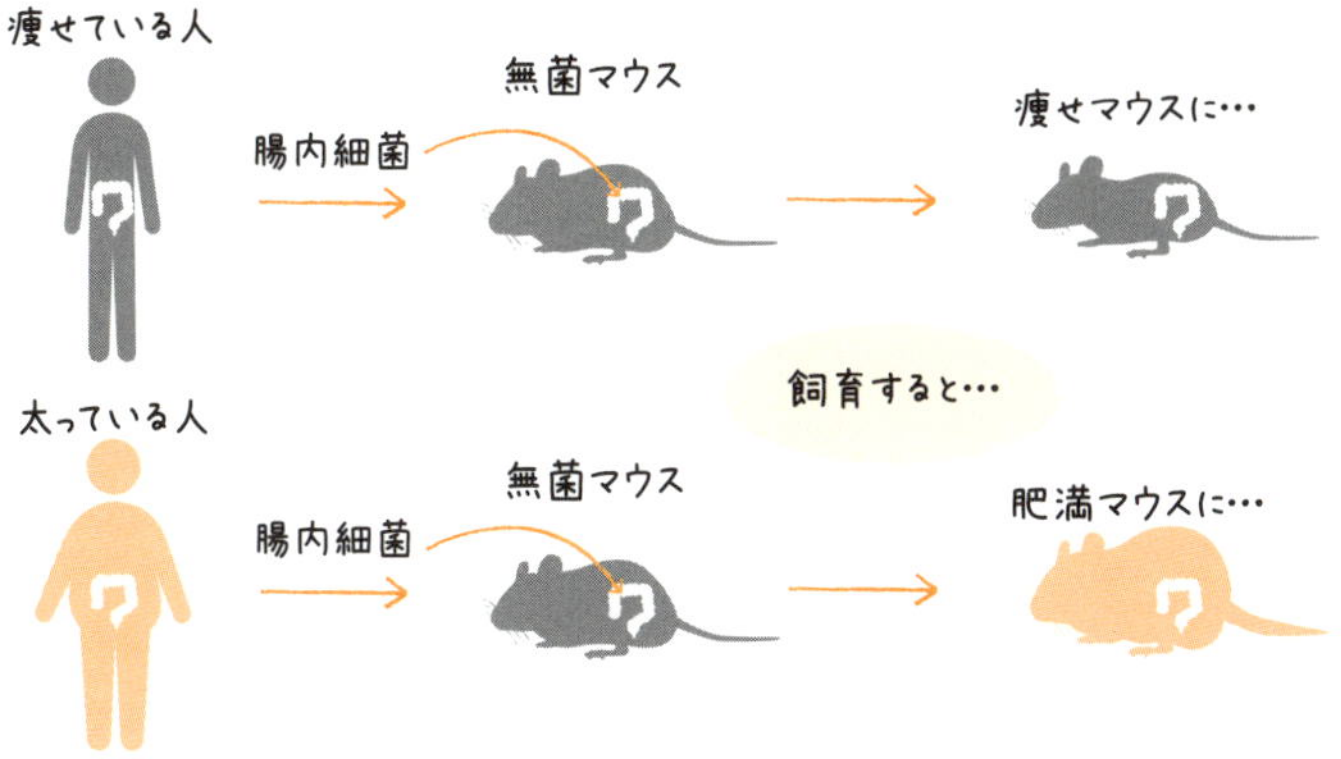

近年、腸内細菌を構成する細菌種やその割合といった細菌のレパートリーが、人間の健康に重要であることが明らかになってきました。これを**腸内細菌叢《さいきんそう》**と言います。最近では「**腸内フローラ**」と呼ばれることもあるので、健康や美容に気をつけている人であれば、その名前は聞いたことがあるでしょう。

腸内フローラが免疫系に影響を与えること、そして腸内フローラのバランスが崩れると、免疫系も破綻を起こし、アレルギーや自己免疫疾患、がんなどを引き起こすことがわかってきました。面白いことに、腸内フローラが肥満と関係していることも、最近の研究によって明らかになってきました。

まず、肥満の人、痩せている人の体内から腸内細菌を取り出し、無菌マウスの腸へそれぞれの腸内細菌を移植します。その結果、肥満の人の腸内細菌を移植されたマウスは肥満になったのです。ところで、マウスにはフンを食べる習性があります。この肥満になったマウスが、痩せた人の腸内細菌を移植されたマウスのフンを食べたところ、肥満が解消されました。

一方、痩せたマウスが肥満のマウスのフンを食べても、肥満にはなりませんでした。痩せたマウスの町内（腸内）の細菌は数も種類も豊富で、朝のラッシュアワー並みです。肥満マウスの乏しい腸内細菌が入ってきたところで、町内の人々の生活にはまったく影響を及ぼさなかったのです。つまり、腸内フローラのバランスが崩れることによって、疾病《しっぺい》にもなるし、肥満にもなるのです。

私たちは毎日の食事を自分の健康に気遣って栄養バランスを考えていますが、これからは自分の体と腸内細菌の両者に気を使って、共存共栄を考えていくことが大切なのです。

04 僕たちは「がん」を利用して生きている

悪性腫瘍（がん）

ヒトの体をつくる細胞には、それぞれが決まった回数だけ分裂・増殖し、最後には死を導くようなしくみが存在する。そのしくみの制御に異常が起こり、細胞が無制限に増殖するようになった状態の細胞のこと。

「がん」のしくみ

がんは今や日本人の死亡原因の第一位です。若い世代を見ると、自殺や不慮の事故といった死因が上位を占めますが、四〇歳以降はほぼすべての年齢でがんが死因第一位を占めています。

がんは、これまではきちんと枠にはめられた仕事をしていた自身の細胞が、その枠から外れて自分勝手な振る舞いをするようになったものです。さらに、がんは自分の持ち場を離れて他の組織や器官に転移し、そこでも異常に増殖して最終的には生体を死に至らせます。がん細胞が異常に増殖すれば、正常な機能をもった細胞が置き換えられて機能不全となり、周囲の栄養をすべて奪ってしまうので、近隣の〝きちんとした〟細胞は栄養を得ることができずに死んでしまいます。

高齢になるほど、修復能力に衰えが……

年齢が高いほどがんになる確率が高くなるのは、それだけ細胞も年をとっているからです。神経細胞や心臓の筋細胞は、一度つくられたらその後ほぼ一生同じ細胞がはたらき続けます。皮膚の細胞や血球細胞は、次々につくられては死んでいきます。それらをつくり出すおおもとの細胞である「**幹細胞**《かんさいぼう》」は、年をとって徐々に死んでいきます。年老いた細胞は、わずかな異常を修復する力がなく、がん細胞へと変異してしまいます。

がんの研究は世界各国で盛んに行なわれており、どのようにがんが発生するのか、またがんを治療するにはどうすればよいかなど、基礎から臨床まで多くの研究がなされています。例えば、乳がんなどは先進国では発症は増えているものの、死亡率は減少しているというように、研究成果が我々の社会に役立っています。

では、なぜがんはなくならないのでしょうか。多くのがん研究によって明らかになったことは、がん発生の過程が極めて複雑である、ということでした。がんの原因には、ウイルス感染によるもの、化学物質による影響、遺伝的な要因、生活習慣によるものなどがあり、これらのさまざまな要因が積み重なって発生することが多いこともわかってきました。

しかし今日でも、いまだに解明されていない発がんのしくみが多く残されています。それは、裏を返せば正常な細胞がどのように機能しているのかがまだわかっていないから、正常細胞の破綻原因がわからないということでもあるのです。このように、がん細胞と正常な細胞は表裏の関係であり、細胞の一般的な機能を探るという極めて基礎的な研究ががんの克服へとつながるのです。

培養細胞が「生体実験の代役」を果たす

「がんが無限に増殖する」という性質を逆に利用して、人間社会に役立てたものがあります。それが「**培養細胞**」です。培養細胞とは、ある組織や器官の一部の細胞を体外に取り出し、プラスチックシャーレで培養した細胞のことです。培養細胞が増殖すれば、それらを用いてさまざまな実験を行なうことができます。例えば、ある病気の特効薬となる医薬品を開発した場合、その薬の効用はどれだけあるのか、副作用はないのか、などさまざまな評価を行なわなくてはなりません。

最初から人間に投与するのは危険を伴うので、まずは培養細胞を用いて薬を評価するわけです。また培養細胞は外部から遺伝子を導入することが可能であるため、ある遺伝子を欠損させたり、他の遺伝子を導入することで、ヒトの遺伝子の機能を解明することができます。このように、培養細胞はヒトの生体実験の代役を担ってくれるのです。

●「がん撲滅」に貢献してきたヒーラ細胞

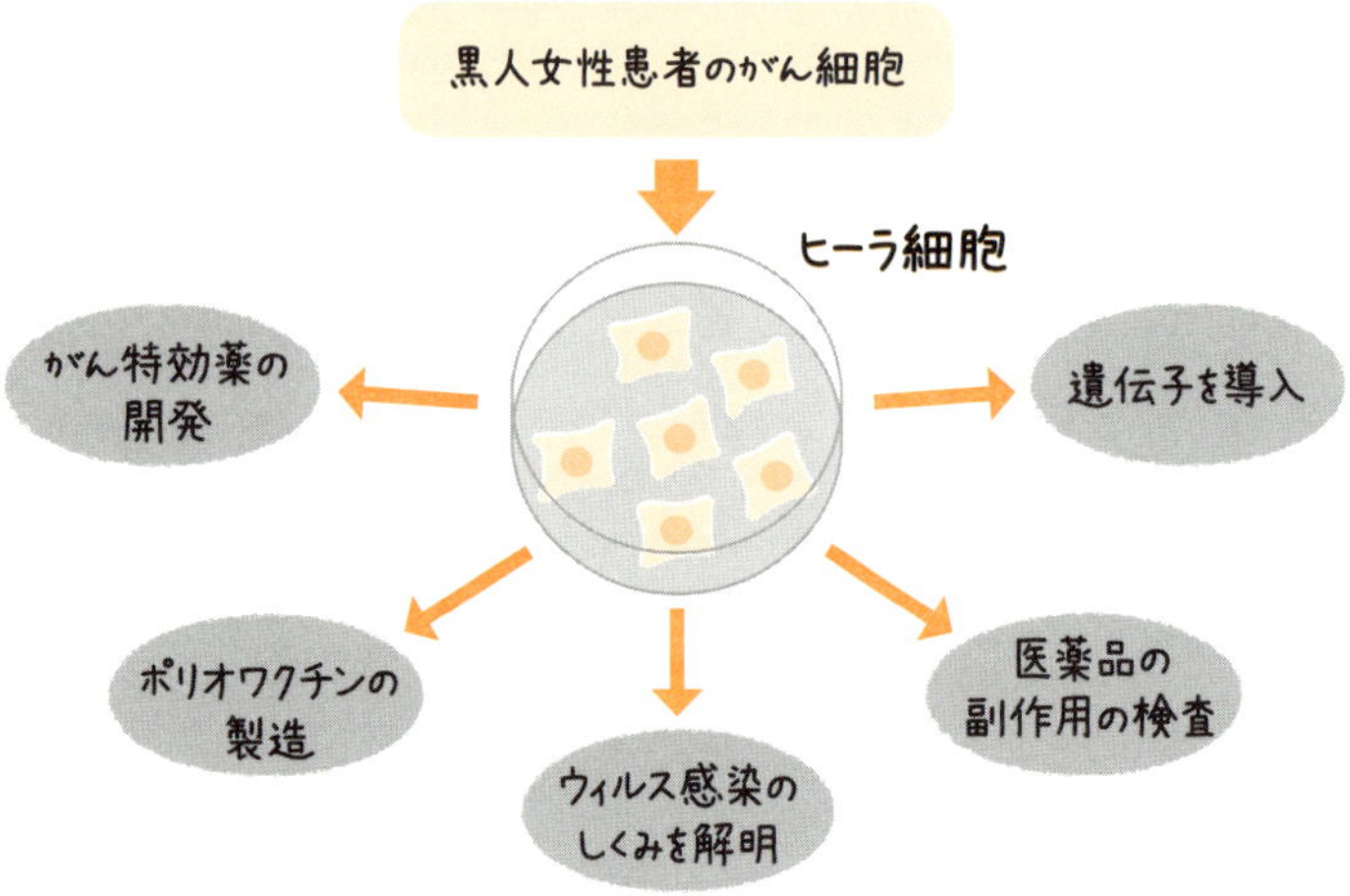

奇跡のヒーラ細胞

19世紀後半から20世紀にかけて、さまざまな動物で生きた細胞を培養しようという試みが行なわれてきました。ヒト由来の培養細胞の作出も多くの研究者がさまざまな組織を用いて挑戦しました。しかし、はじめは培養できるものの、その後に増殖が止まったり、性質が変わってしまったりして、長期にわたって培養することはできませんでした。

1951年、アメリカのジョンズホプキンス大学のゲイ博士は、大学病院の患者さんのがん細胞を培養してみたところ、シャーレ上で無限に増殖するだけでなく、これまでのどの細胞よりも速いスピードで増殖を行なうことを発見したのです。

彼はこの細胞株に患者さんの名前ヘンリエッタ・ラックスのイニシャルをとって「**ヒーラ細胞**（HeLa）」と名づけ、知人の研究者に無償で提供を行ないました。この細胞はすぐに世界中の研究室で使用されるようになり、またこの細胞株を作成する会社も現れ、巨額の富をつくり出しました。

例えば、ポリオは子供に多く発症し、一生手や足に麻痺が残る可能性がある恐ろしい感染症でしたが、ワクチンが普及したおかげで、現在先進国では根絶されています。

このポリオのワクチンを製造することができたのは、ヒーラ細胞があったおかげです。ポリオウイルスはヒーラ細胞によく感染するため、大量にヒーラ細胞を増殖してポリオのワクチンを製造したり、ヒーラ細胞でワクチンの効果や副作用がないことを調べることができたのです。

05

「反復配列」から生まれたDNA鑑定

反復配列

多数回繰り返して存在しているDNA配列のこと。1単位が2～5塩基のものをマイクロサテライト、15～60塩基をミニサテライト、数百塩基をサテライトと呼ぶ。

突然変異が起こりやすい「反復配列」

DNAには、私たちの体の設計図が刻み込まれています。生物がもつDNAの1セットを「**ゲノムDNA**」と言いますが、ヒトのゲノムDNAは30億塩基対からなります。つまり、A、T、G、Cの四つの塩基が二つずつ対《ペア》になって30億個並んでいる、ということです。しかし、このゲノムDNAの中で、実際に遺伝子としてはたらき、タンパク質へと翻訳される領域はたったの2％しかありません。

では、その他のゲノムの領域は、どんなはたらきをしているのでしょうか。一部はRNAへと転写されるスイッチ、タンパク質へと翻訳を開始するスイッチとなる配列があります。これはゲノム中に散在しています。実はゲノムDNAの大部

●DNAと塩基対

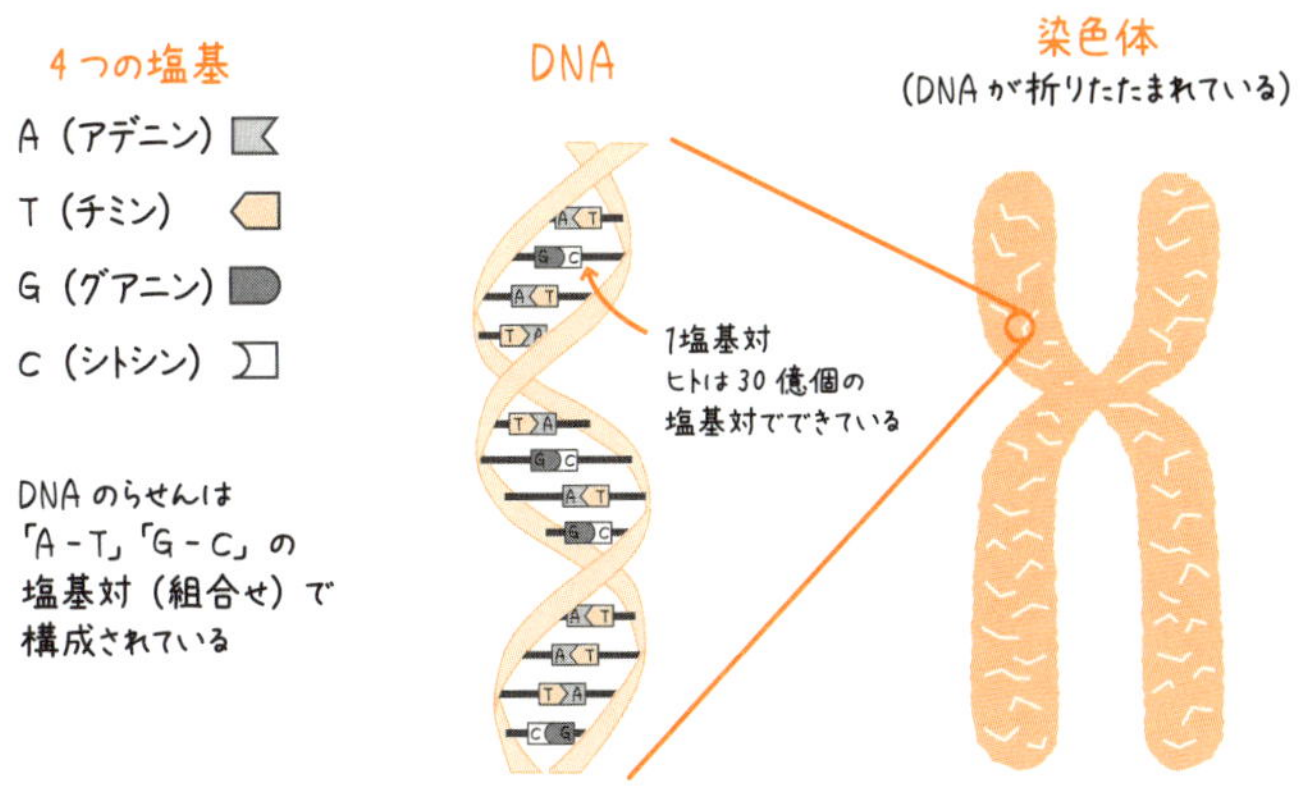

分、割合にして約5割は「**反復配列**」で占められているのです。

反復配列とは、塩基の並びが縦列に繰り返している領域のことです。例えば、ATATA……という2塩基が1単位となって反復している領域もあれば、数百塩基が1単位となって反復している領域もあり、さまざまな種類の反復配列が存在します。この反復配列の多くは、タンパク質へと翻訳されないことから、ゲノムの中では〝意味のない配列〟と考えられています。

一般的に、遺伝子としてはたらく〝意味のある〟配列には突然変異が起こりにくく、そう簡単には変化しません。一方、反復配列のように〝意味のない〟配列には突然変異が起こりやすい傾向にあります。突然変異によって、例えば反復配列がAからTへと塩基が置き換わることもあるし、反復配列の繰り返し回数が15回から20回へと変化することもあります。

DNA鑑定はどのようにして考え出されたか?

生命の設計図であるDNAを読み解く研究は、ワトソン、クリックの二人による「二重らせんの発見」から始まりました。ゲノムDNAに2%しか含まれていない遺伝子の領域を解析して、その遺伝子が生物の体づくりにどのように役に立っているのかを明らかにする研究が進められたのです。反復配列はゲノム中にたくさんあるけれど、意味のない配列だから研究しても意味がない、と当時は考えられていました。

1985年、イギリスの遺伝学者アレック・ジェフリーズ(1950〜)は、DNA反復配列には、繰り返しの回数に個人差があることを突き止めました。ゲノムDNAは母型由来と父型由来の2セットがあり、それぞれの繰り返しの回数も異なっていることもわかりました。つまりDNAの反復回数を親子で比較することで、どちらかの親、あるいは両方の親のDNAが受け継がれているのか、という親子鑑定も可能になったのです。

こうして、DNAの反復配列の繰り返し回数を鑑定することで、個人の識別が可能になる「**DNA鑑定**」が発明されました。他の研究者とは異なるところに目を向け、一見意味

MCT118型を用いた親子鑑定

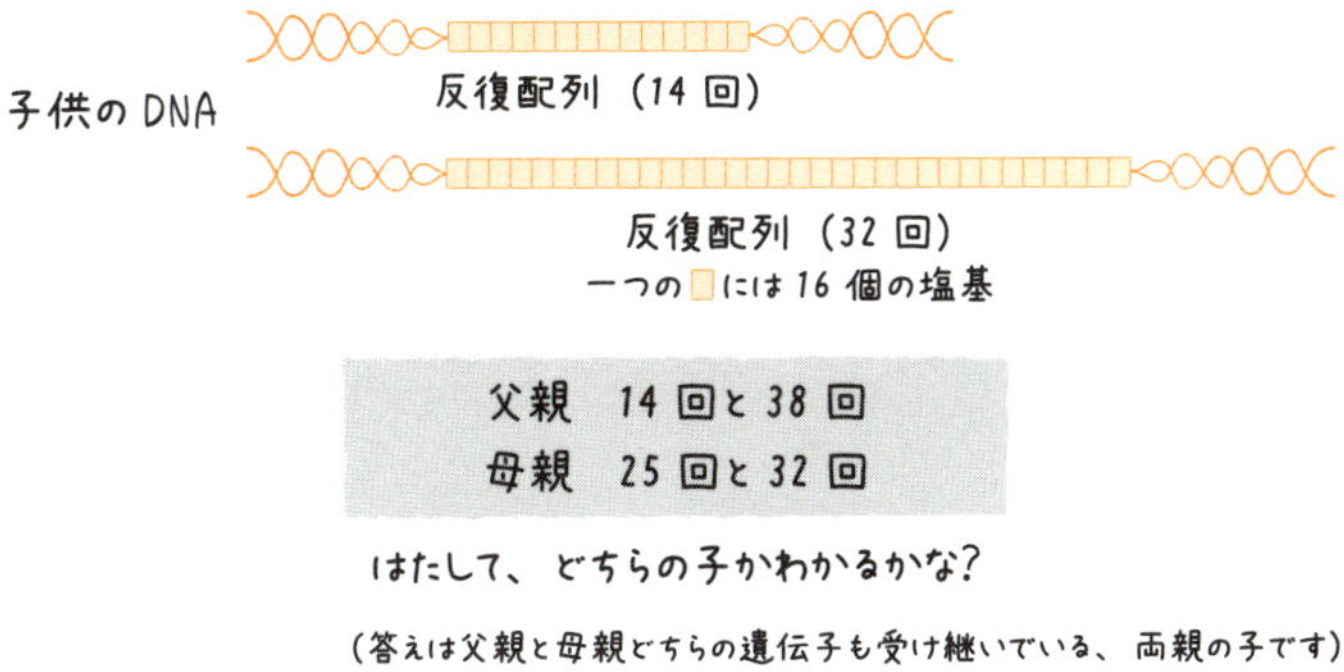
子供のDNA
反復配列（14回）
反復配列（32回）
一つの□には16個の塩基
父親　14回と38回
母親　25回と32回
はたして、どちらの子かわかるかな？
（答えは父親と母親どちらの遺伝子も受け継いでいる、両親の子です）

のないところにも何か役に立つことがあるのではないかという、ジェフリーズの着眼点がＤＮＡ鑑定を生み出したのですね。

ＤＮＡ鑑定で犯人を捜す

このＤＮＡ鑑定はその翌年、イギリスで起きた連続強姦殺人事件に応用されました。殺人事件の起きた村の男性４５００名から血液の提供を求め、まず血液型から５００人に絞り込みました。その５００人のＤＮＡ反復配列を調べ、現場に残された体液のＤＮＡと反復回数が一致するかどうかを調べたのです。

残念ながら、この調査では一致する人はいませんでした。しかし、後から血液をすり替えた者がいたことがわかり、その本人をＤＮＡ鑑定したところ、現場の体液のＤＮＡと一致することがわかったのです。

日本では1989年、MCT118型と呼ばれる日本独自のDNA鑑定が実用化されました。これは16塩基の反復配列で、少ない人は14回、多い人は41回の繰り返し回数をもつ人がいます。つまり28通りがあり、父型由来と母型由来で異なる反復回数をもっているから、28×28＝784通りの可能性があるわけです。偶然一致する確率は0・001％に過ぎませんが、反復回数の出現頻度には偏りがあるので、実際の確率はもう少し高い数％といったところでしょうか。

この鑑定方法が登場した当初は、究極の科学鑑定と呼ばれ、反復回数が一致すれば絶対的な証拠と考えられていました。しかし、この認識には大きな問題点がありました。当時の実験を振り返ってみると、使った実験手法や実験装置では、繰り返し回数が20回なのか、21回か正確にはわからないものだったからです。検査技師を含めた警察関係者は、犯人に間違いないと信じてDNAの結果を見ます。同じだと思えば同じに見える、その程度の精度だったのです。

誤認逮捕も、それを覆したのもDNA鑑定

このDNA鑑定が実用化された翌年、栃木県足利市で女児殺害事件が起き、幼稚園のバ

ス運転手の菅家さんが逮捕されました。いわゆる「足利事件」です。この事件では、自供とともにＤＮＡ鑑定が証拠となり、無期懲役の判定が下されました。このＤＮＡ鑑定で使われたのが、このＭＣＴ１１８型でした。

現在では、ＭＣＴ１１８型のＤＮＡ鑑定は行なわれず、2〜5塩基を1単位としたマイクロサテライトと呼ばれる反復配列を使ってＤＮＡ鑑定が行なわれています。ゲノムＤＮＡの15か所のマイクロサテライトを調べることで、およそ10の20乗（1垓《がい》＝1兆の1億倍）分の1まで識別することができるようになりました。実験機器の性能が上がり、2塩基の反復配列でも、例えば15回と16回の反復回数の違いを識別できるようになったのです。

この手法を用いて２００９年に足利事件を再鑑定したところ、菅家さんは犯人ではないことが証明され、17年半の歳月を経て釈放されました。誤認逮捕のもとになったのはＤＮＡ鑑定ですが、それを覆したのもＤＮＡ鑑定というのは皮肉なものです。

いずれにせよ、このＤＮＡ鑑定を導いたアレック・ジェフリーズの炯眼《けいがん》は、当時、誰もが「役立たない、意味がない」と思って無視していたＤＮＡの反復配列に目をつけたことにあったのです。

PART 2

「細菌・植物・動物」の生き残り戦略

01 反面教師!?「ハレム」を守る論理

ハレム

一頭のオスが複数のメスと独占的に交尾を行なう集団や社会のこと。一夫多妻とも言う。

オス・メスの体のサイズの違い

男女には一般に身長差がありますが、これは国によって異なるものでしょうか。平均身長の国際比較を見てみましょう。平均身長が最も高いオランダ人では、男女の身長に約15cmの差があります。一方、平均身長の最も低いインドネシア人では、男女の身長差が約11cmになっています。つまり、世界を見渡しても男女の身長の相関度（つまり割合）は、ほぼ一定になります。

人間をホモ・サピエンスという動物種として見た場合、オスのほうがメスよりも体のサイズが大きいので、一見してオス・メスの見分けがつきます。これは自明のことですよね。ただ、南欧のポルトガル人やスペイン人は男女の身長差が少ない傾向が見られるなど、微妙なバラツキはあるようです。

次に、ヒト以外の哺乳類のオス・メスの体のサイズを比較してみましょう。ヒトと同じように、一見してオスのほうが大きいとわかる哺乳類としては、ライオンやゴリラ、アザラシなど多数の例があります。特にミナミゾウアザラシのオス・メスの差は著しく、オスの体重はメスの10倍にもなります。

なぜオスのほうがメスよりも大きいのでしょうか。何か理由があるはずです。

「ハレムを守れ!」という至上命令を達成するには

ライオンやゴリラ、アザラシは一夫多妻社会で、1匹のオスが複数のメスを保有する「**ハレム**」を形成します。ライオンのように永続的にハレムを形成して生活をする動物もいるし、アザラシのように生殖のときだけ1匹のオスと多数のメスが集まって形成される動物もいます。このハレムを形成するオスにとって、最も大切なのは同種のオスから自分のハレムを守ることです。ハレムを持っていないオスにとっては、そのハレムを自分のものにできれば、エサが豊富にあるなわばりを手に入れられるだけでなく、多くのメスを手に入れて自分の子孫を増やすことができるわけです。

ハレムをめぐり、時には死に至るほど激しい戦いが繰り広げられます。そのため、オスは体のサイズが大きくなること、相手に攻撃を加えるためのアゴやツメが発達することが、

一夫多妻、多夫多妻…サルの世界もいろいろ

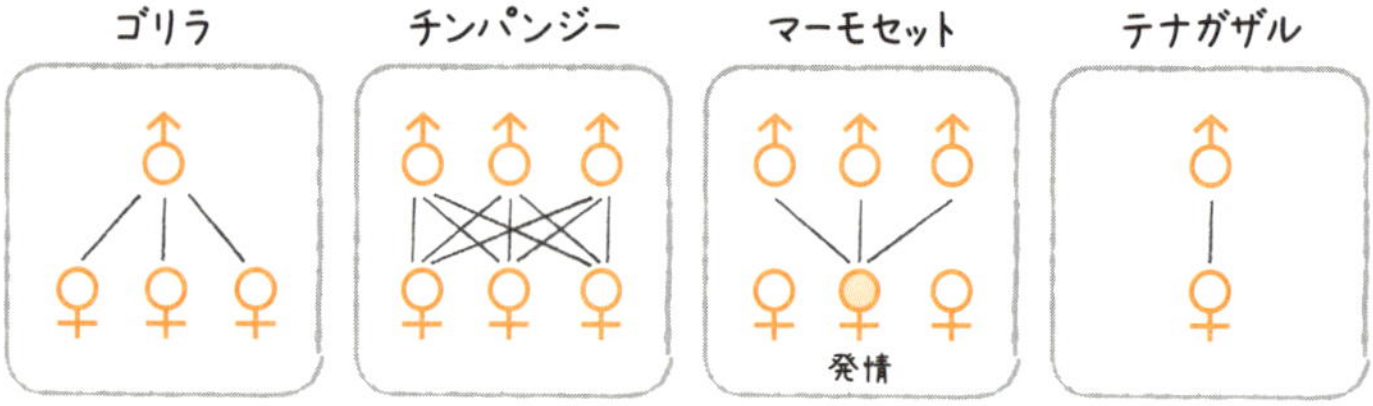

ハレムを維持したり奪い取ったりすることに大きなメリットになります。このようにオスの間での競争によって、オス・メスの特徴に大きな違いが生じるのです。

ゴリラは一夫多妻社会のハレムを形成すると言いましたが、霊長類を見渡すとさまざまな群れ社会の様式があります。テナガザルは一夫一妻社会をとり、チンパンジーは複数のオスに複数のメスの多夫多妻社会です。マーモセットは複数のオスに複数のメスの社会ですが、このうち1匹のメスしか発情しないので、多夫一妻の社会と言えます。

それではヒトはと言うと、一夫一妻、一夫多妻などさまざまな様式が見られます。霊長類の中でもヒトは中間的な位置にいるのかもしれず、それゆえ男性と女性の体のサイズに大きくもなく、小さくもなく適度な違いがあるのかもしれません。

ハレムは子殺しも招く

もう一つ、ハレムを形成する動物に特徴的なこととして、オ

スの**子殺し**があります。そもそも、子殺しとは自分と同種の幼い個体を殺すことを言います。これには母親が殺す場合と、父親が殺す場合の2種類があります。母親が殺す場合は、生育環境が悪化して子供を育てられないケースや、ストレスにより子供を育てられなくなったケースがあります。

父親が殺す場合、つまりオスの子殺しについては、別名「猿の子殺し」や「ライオンの子殺し」という呼ばれ方もありますが、ハレムの形成と乗っ取りが関係しています。一般的に、哺乳類は子の養育に時間がかかります。乳児を育てている間、メスは発情しません。そこで、ハレムを乗っ取ったオスは、メスの連れている子を殺して発情を促すのです。なぜなら、そのハレムをいつまた他のオスに乗っ取られるとも限らないので、メスの子育てが終わるまでオスは呑気に待っていられないのです。

メスの連れ子は自分の子ではないので、子殺しによってメスに新たに子をつくらせれば、自分の遺伝子を残すという結果に結びつきます。道徳教育で同種で殺し合いをするのは人間だけ、と言われますが、自分の遺伝子を残すために同種を殺すことは、野生の世界では頻繁に起こっていることなのです。野性の世界は人間の価値観だけでなく、何ごとも幅広い視点をもって見ることが必要なようです。

02

子孫繁栄は「矮雄」に学ぶべし

矮雄《わいゆう》

体がメスに比べて著しく小型であるオス。体のつくりも極度に退化している場合が多い。

オスが大きいことにメリットがなければ……

　前項で、オスのほうがメスよりも大きい動物は一夫多妻で、オス同士がなわばり争いに勝つために大型化することでサイズの違いが生じる……などを説明してきました。

　逆に、メスのほうがオスよりも体が大きい動物も存在します。それはどのようなもので、またどのような理由でオス・メスのサイズに差が生じているのでしょうか。

　メスのほうが大きい動物は、比較的体の小さな動物、そして哺乳類よりも魚類や両生類、あるいは無脊椎《むせきつい》動物によく見られます。この特徴に加えて、少ない数の子を大事に育てる動物よりも、卵を大量に産んで、「ヘタな鉄砲数撃ちゃ当たる」というような戦略で子孫を増やす動物に多々見られます。

例えば、カマキリやクモなどの昆虫には、メスがオスよりも大きいものが多く見られます。クモもカマキリも、大量の卵を卵のうの中に産み、「クモの子を散らす」ということわざにもあるように、そこから大量の子供が出てきます。大量の子供が産まれれば、生き残る確率が大きくなるので、他のメスよりもより多くの卵を産もうとします。

カマキリやクモのメスは、体が大きいだけでなく凶暴です。オスは交尾のときに、メスに気づかれないように後ろから近づかないと食い殺されてしまいます。メスにとっては、オスが強いことにそれほど価値がないのでしょう。それよりも、卵をどれだけつくって自分の子孫を残すかが大切で、そのためにはメスの体が大きいことがメリットになります。このようにメスの間での子孫繁栄のための競争によって、メスが大型化することが知られています。

ビワアンコウのオスの戦略

体の大きさや強さは関係なく、生殖だけできればいいという動物の中には、オスがメスよりも極端に小さくなっているものが見られます。「**矮雄**《わいゆう》」と呼ばれ、魚類、節足動物、軟体動物などに見られます。例えばアンコウの仲間は、一般的にオスのサイズが小さく、食材として市場に出回っているものはメスのアンコウだけです。

●アンコウのオスはメスに寄生して消える？

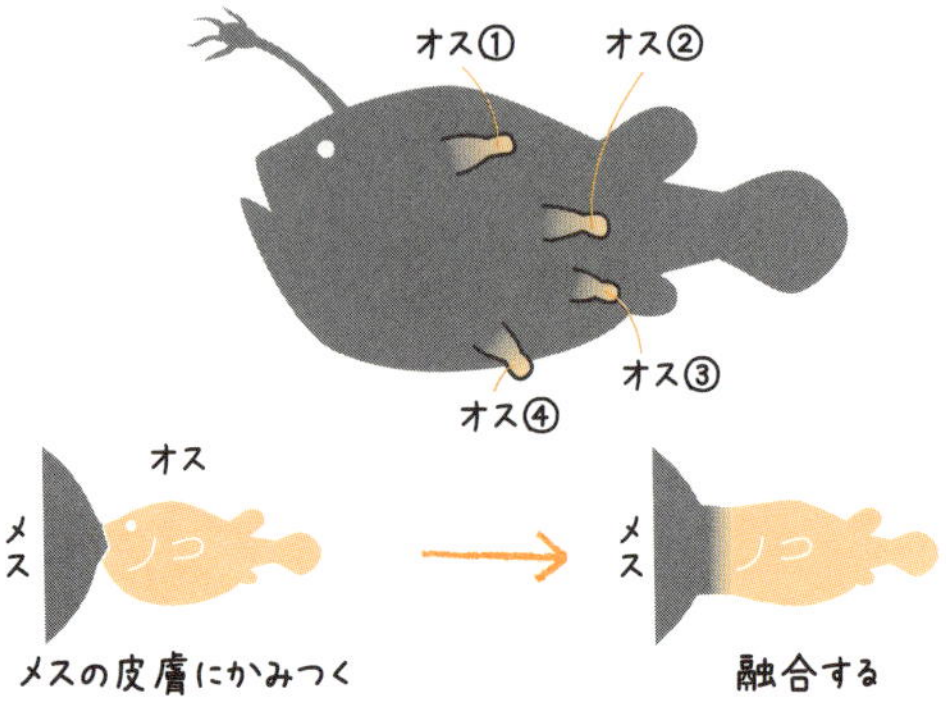

アンコウの中でも、深海に棲むチョウチンアンコウの一種であるビワアンコウは、メスが全長２ｍにも達する巨大サイズなのに対し、オスはたったの15cmにしかなりません。アンコウはそれほど泳ぎが得意ではないことに加え、深海では自分と同じ種に滅多に出会うことはありません。

そこでビワアンコウのオスは、ひとたびメスに出会ったら、二度と見失わないように、メスの皮膚にかみついて離れないようにします。ずっとかみついてくっついている間に、オスの口のあたりの皮膚がメスの皮膚と融合してしまい、その後、オスは自分自身の目も心臓も消失し、血管はメスと融合し、メスの血管を通してオスに栄養が供給されるようになるのです。

すべて消失するかというとそうではなく、かろうじてオスの精巣だけは維持されているので、もはや

●フクロムシはエビやカニに寄生する

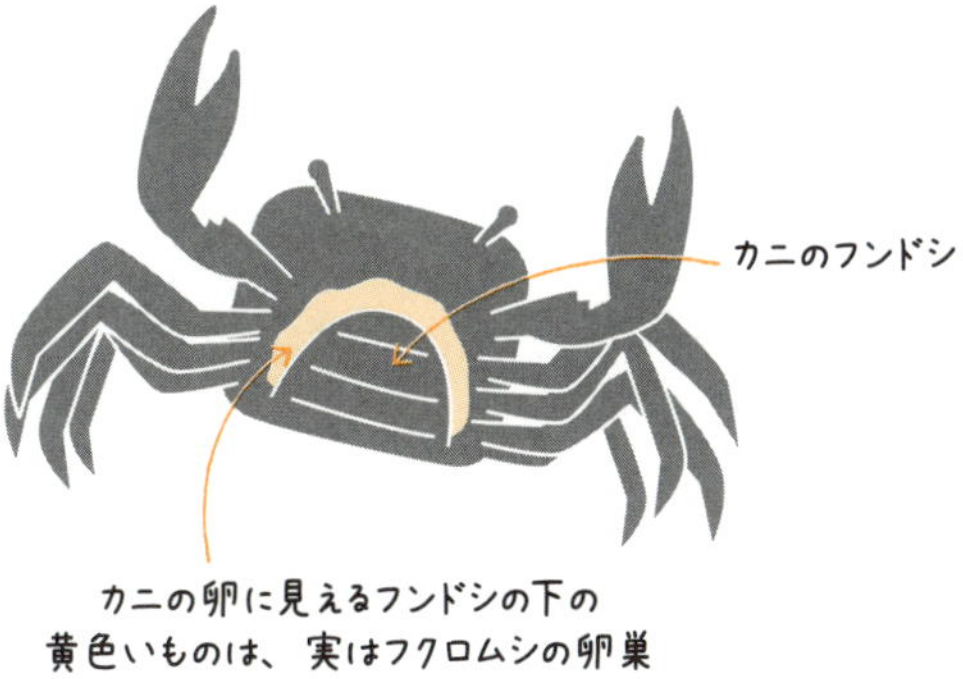
カニのフンドシ
カニの卵に見えるフンドシの下の
黄色いものは、実はフクロムシの卵巣

精巣とその袋だけの一つの「器官」としての役割しかもたなくなります。もし、メスの皮膚に突起がついているのを見つけたら、それは融合したオスです。時には、1匹のメスに複数の突起（オス）が見られることもあります。もしかすると、ビワアンコウのメスは、オスがくっついていることにまったく気づかずに生活をしているのかもしれません。

精子をつくるだけの究極のオス

同じようにオスが退化している例は、節足動物フクロムシにも見られます。フクロムシはエビ・カニの仲間の甲殻類ですが、他種のエビやカニに寄生して生活をします。

一般的に、カニのお腹側にはフンドシ（あるいはハカマ）と呼ばれるペロッとめくれる部分があります。このフンドシはメスのほうが大きく、メスはここでカニの赤ちゃんを保育します。フクロムシのメスは、このカニのフンドシに寄生します。そして、宿主のカニの体内に植物の根のような枝状の器官を張り巡らして栄養を吸収し、フンドシには自分の卵巣を産みつけて、カニに守らせます。

つまり、外側からカニを見たときに、フンドシからあふれんばかりに飛び出しているものはフクロムシの卵巣で、本体はカニの内部に巣食っているのです。といってもカニ内部の本体はごく微小で、フクロムシのメスの体のほとんどは卵巣です。以前、厚生労働大臣による「女性は子供を産む機械」という発言が物議を醸しましたが、フクロムシに関してはまさに「メスは子供を産む機械」と言っても間違いではないでしょう。

実は、この卵巣の中にはフクロムシのオスもいるのですが、その大きさは顕微鏡でやっと見えるくらいです。このオスは体のほとんどが退化し、生体機能を失って、精子をつくり出す精巣以外はもっていません。ビワアンコウのオスは、まだ自分の皮膚や血管や筋肉がわずかに残っていましたが、フクロムシのオスはもはや精巣でしかありません。表現するなら歯車の一つです。これこそ、究極の矮雄の形と言えるでしょう。

人間社会の「ヒモ生活」とは異なり、オスが小さくて威厳はないように見えても、必死で子孫繁栄のために尽くしている姿は立派なものです。

03 「共進化」で繁栄を手に入れたキク科植物

共進化

昆虫は植物に依存し、植物もまた昆虫に依存しつつ、共に進化して繁栄してきた。互いになくてはならない関係と言える。

キクの花はたくさんの花の集まったもの

現在、地球上で最も繁栄している花の咲く植物の仲間は何かご存じでしょうか。それはキク科の仲間です。例えば、キク科であるタンポポの黄色い花は、実は一つの花ではなく、たくさんの花が集まった**花序**《かじょ》であることはよく知られています。小さな一つの花にはおしべとめしべがあり、受粉後はそれぞれの花に種子がつくられて、綿毛とともに飛んでいきます。キク科の花には、キクやタンポポの他にもハルジオン、ハハコグサ、ヒャクニチソウ（ジニア）、ヒマワリ、コスモス、マーガレット……とよく知られている花がいくらでもあります。いずれもたくさんの小さな花が集まった**頭状花序**《とうじょうかじょ》で、頭花《とうか》とも呼びます。外側の花から順番に開花します。

ヒャクニチソウの花序

たくさんの小さな花が集まったキク科の頭状花序。外側には舌状花、内側には筒状花が並ぶ。外側から順次開花し、確実に受粉できるしくみになっている。

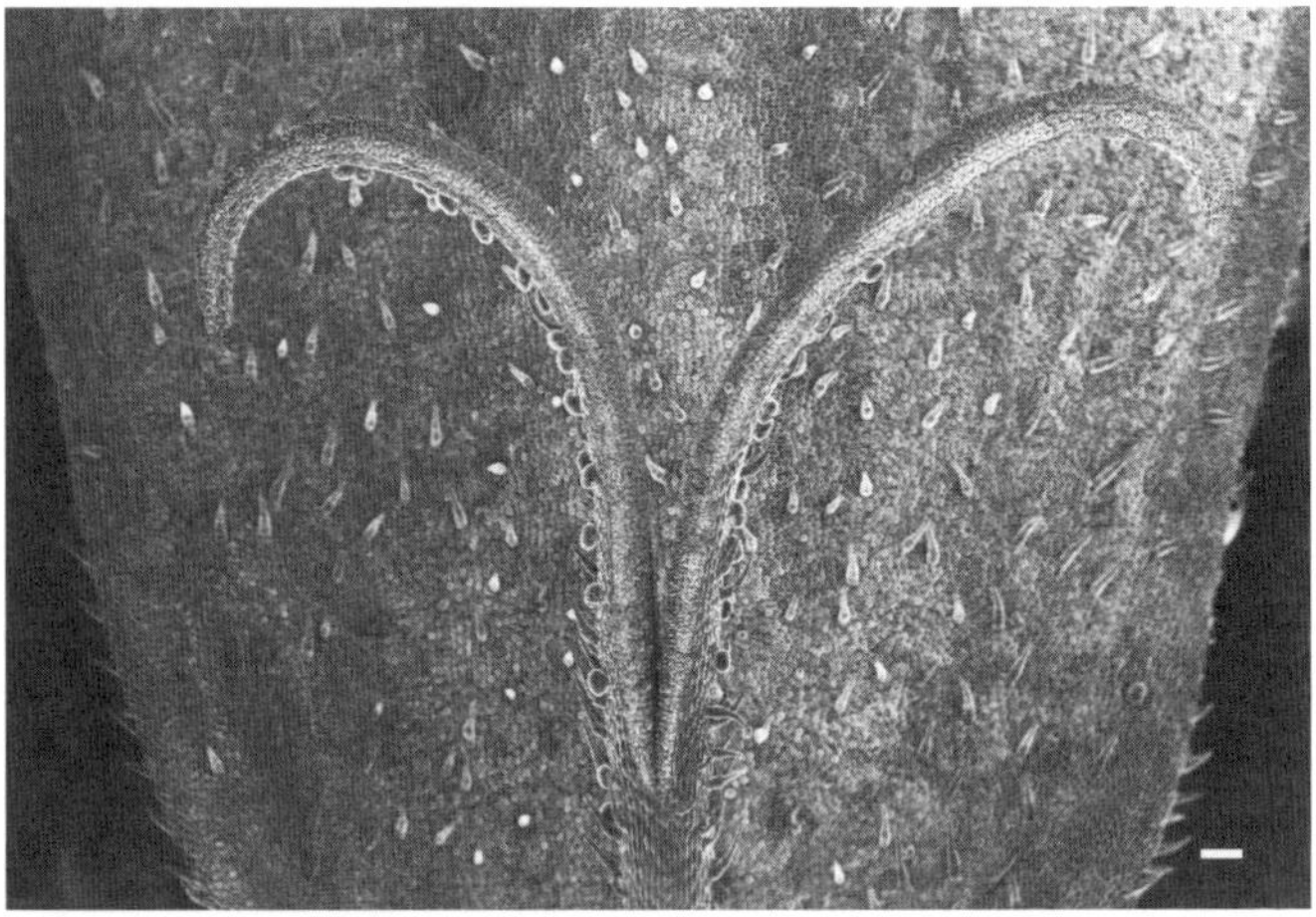

(白いスケールバーは 0.1㎜)

ヒャクニチソウの舌状花

花弁と二つに分かれためしべの柱頭。

●ヒャクニチソウ頭状花序

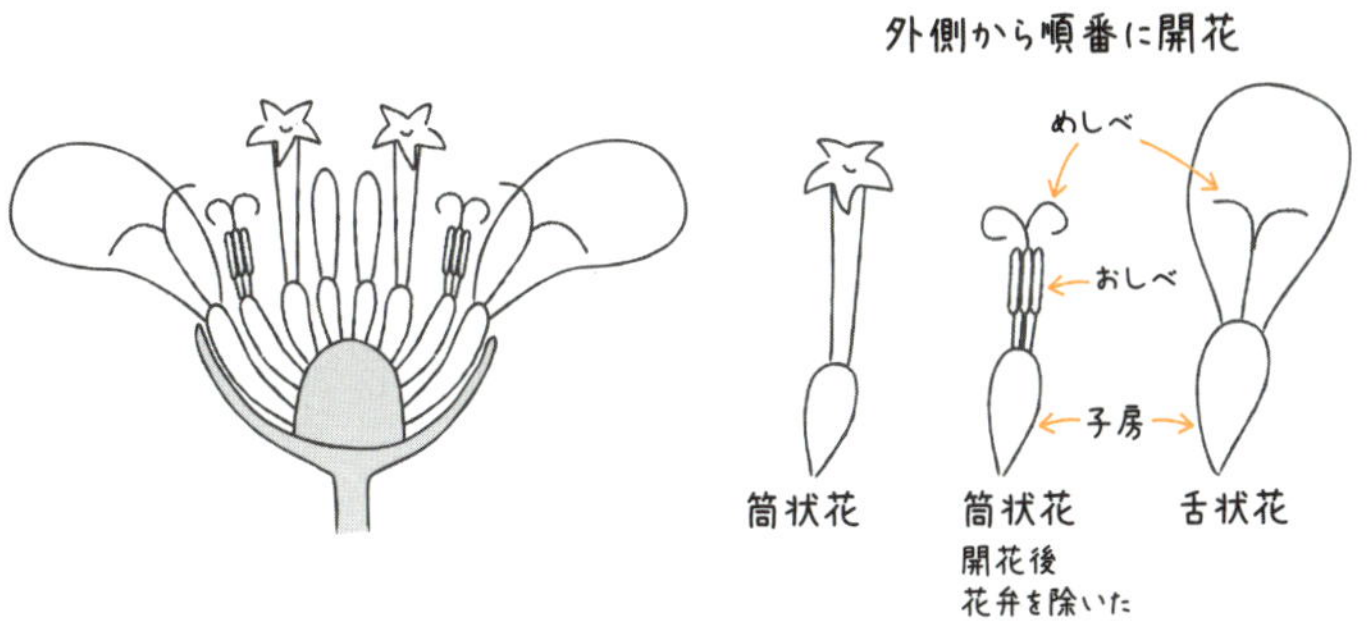

ヒャクニチソウの頭状花序を見てみましょう。写真のようなヒャクニチソウも「小さな花の集まり」と説明すると、多くの人は驚きます。このヒャクニチソウの頭状花序は、2種類の花で構成されています。

外側の1枚の花弁のように見えるのが舌状花《ぜつじょうか》で、複数の花弁が合着してできています。柱頭が二つに分かれためしべがあります。内側の星のように見えるのは筒状花で、花弁は筒型で先端は五つに分かれていて、5枚の花弁の合弁花であることがよくわかります。めしべと、めしべの花柱を囲むおしべが観察できます。

どちらの花も受粉後は花の基部に平たい種子をつくります。一つの頭状花序でたくさんの種子がつくられることになります。

ハイアベレージの受粉成功率を誇るキク科

キク科の頭状花序を観察していると、モゾモゾと動

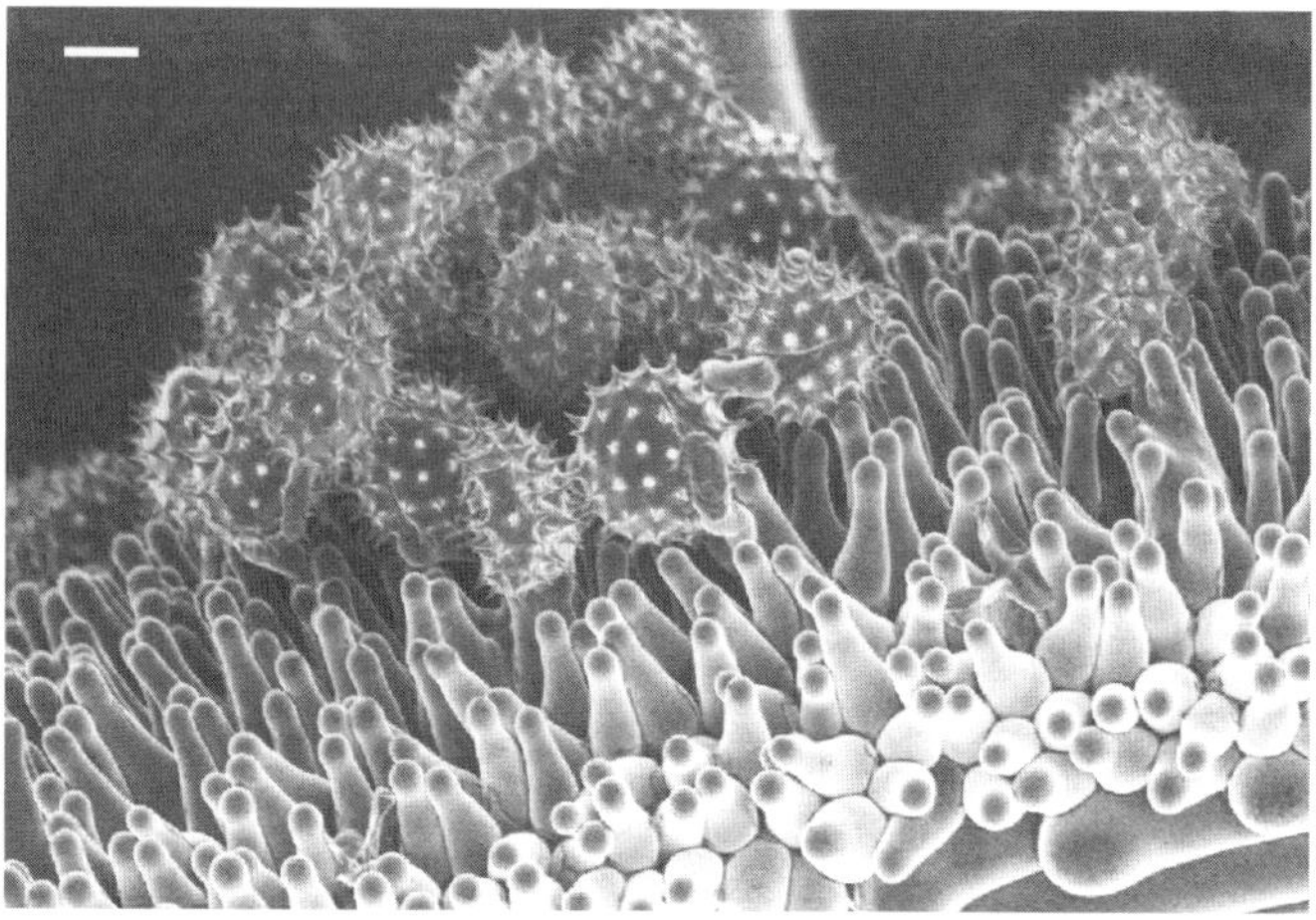

ヒャクニチソウの受粉

（スケールバーは 0.01㎜）

たくさんの花粉がめしべの柱頭に付着している。花粉から花粉管が伸びている。柱頭の乳頭細胞に向かって伸びている花粉管もある。

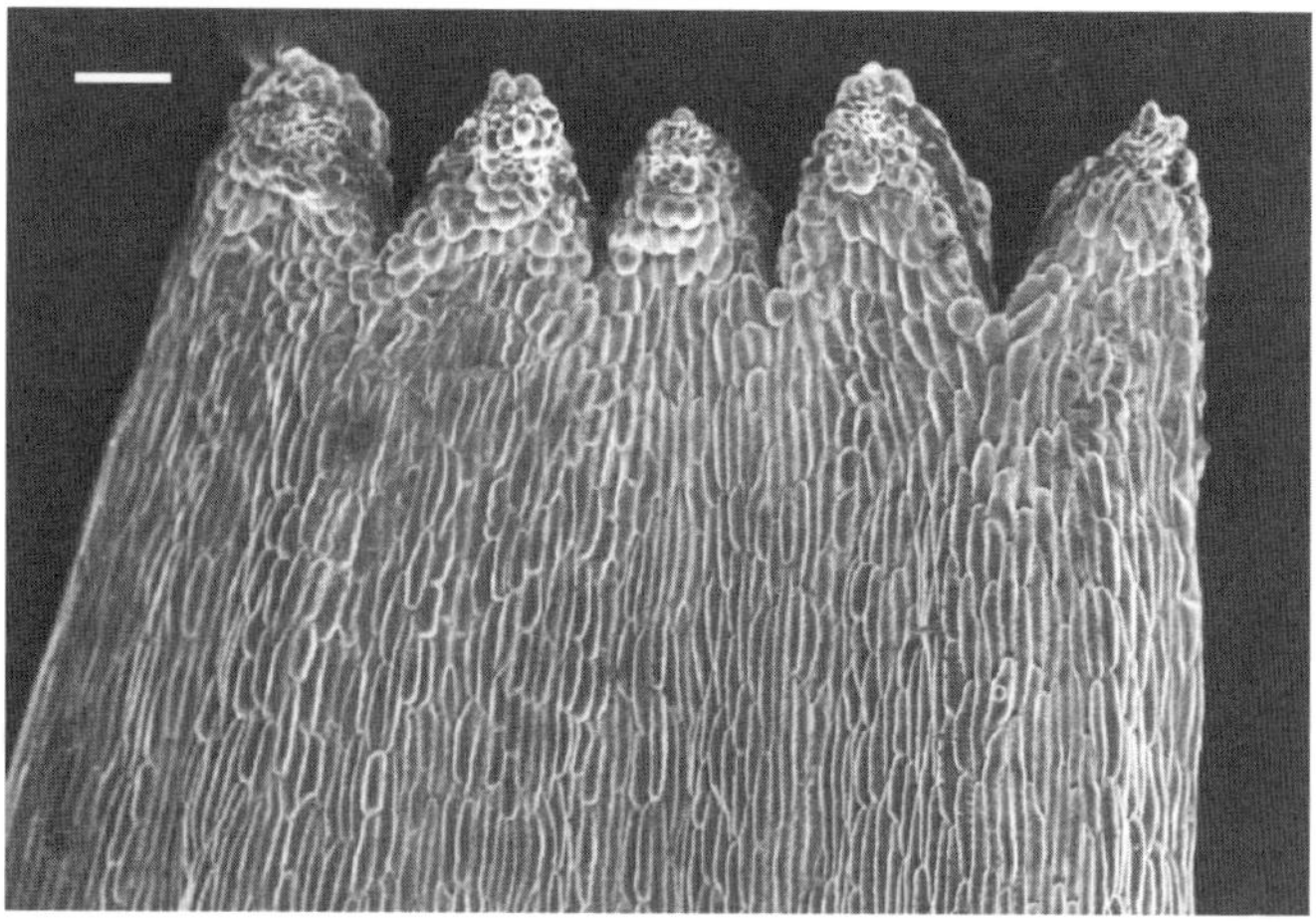

タンポポの花弁

（スケールバーは 0.1㎜）

タンポポの頭状花序は舌状花だけでできている。花弁の先端が五つに分かれていて、5 枚の花弁が合わさってできていることがわかる。

き回る虫に遭遇することがよくあります。実は、ここにキク科の花が繁栄している理由があるようです。キク科の花は開花・成熟の時期が異なる多数の花が集合しており、訪れる昆虫による受粉の成功率が極めて高いと言えます。花粉にも工夫が凝らされています。ヒャクニチソウの花粉には、トゲトゲとした突起があり、訪れた昆虫に付着しやすくなっているようです。

キク科にはブタクサのような風媒花もあります。虫媒花とは異なり、昆虫を惹きつけるための工夫は見られません。ただ、花粉を大量に飛ばすため、花粉症の原因となっています。

色の変わる花、ランタナ

シチヘンゲ（七変化）という和名もある、庭先や道端で見かけるランタナという植物があります。これも小さな花が集まって花序となりますが、花の色が開花した後、刻々と変化することからこのような和名がつけられています。繁殖力が強く、オーストラリアや東南アジアでは野生化したランタナが大繁殖して問題になっているそうです。

花は花序の外側から開花し、開花直後は黄色く、時間がたつとピンク色や赤色、あるいは橙《だいだい》色などに変化していきます。一つの花序の外側の花はピンク色や赤色で、開花したばかりの内側の花は黄色、という場合が多く、カラフルです。

花弁の内側におしべが付着しています。花弁を切り開いて観察してみると、開花したばかりの黄色い花ではおしべの葯《やく》に花粉がぎっしりと詰まっていますが、開花後時間が経過した赤やピンク色の花では葯は茶色に変色し、花粉はほとんどなくなっています。開花したばかりの黄色い花のほうが、訪れる昆虫が多いそうです。このような形でも、花と昆虫のかけひきを垣間見ることができますね。

昆虫と植物の切っても切れない関係

数億年前に陸に上がった植物は、コケからシダ、裸子植物から被子植物へと進化してきました。今では陸地の大部分は緑色の植物で覆われていますが、その中でも花の咲く被子植物が最も繁栄しています。しかし、植物は単独で進化してきたわけではありません。昆虫は植物との関わりが極めて深く、栄養源としたり、休憩場所としたり、また産卵場所とするなどして、植物を利用してきました。特定の昆虫が好む植物は決まっていることが多いので、昆虫採集に行くときにはまず、お目当ての虫が好む植物を探した、という経験はないでしょうか。埼玉大学で隣の研究室におられた林正美先生はヨコバイというセミの仲間の世界的な分類学者ですが、昆虫の棲み家である植物に大変詳しく、植物の生態、分布、形態などに関する知識が驚くほど豊富でした。

受粉を昆虫に頼る虫媒花にとって、昆虫はなくてはならない存在です。当然、昆虫を惹きつけて花粉を運んでもらうための工夫を凝らしてきました。このような昆虫と植物の関係は、相互に依存しながら進化してきたことから、**共進化**と呼ばれます。

昆虫を蜜腺へ誘導するハニーガイド

目立つ花弁や蜜腺、香りは虫媒花の特徴です。花を訪れたミツバチが蜜を集め、巣の中で加工された蜂蜜を、ヒトは古くから利用してきましたし、バラやジャスミン、キンモクセイなどの花の香りも、私たちの生活を豊かにしてくれます。色とりどりの花弁はもともと昆虫を誘うために進化したものですが、人の目にも美しく感じるため、花を栽培して生活に取り入れてきました。

昆虫に見えている色は、ヒトに見える色と実は少し異なるようです。昆虫は紫外線領域も見ることができるので、特殊なフィルムで撮影すると花の中心部へ誘導するような模様を見ることができます。それらは蜜腺へ誘導するのでハニー・ガイドと呼ばれています。

リンゴやイチゴなど果実栽培農家では、受粉・結実を確実にするためにミツバチを導入しています。人の手で人工授粉するよりも効率がよいそうです。

04

「なわばり」行動が生んだ特効薬

なわばり

ある動物やその集団が他の個体や集団を行動的に排除する範囲のこと。この排除行動を「なわばり行動」と呼ぶ。

動物界のさまざまななわばり行動

自分の**なわばり**をつくり、そこを「俺の場所だ！」と主張し、他の動物やその集団と争い合う……。

これは脊椎動物、無脊椎動物を問わず、さまざまな動物に見られる行動です。例えば鮎はなわばりに侵入してきた他の鮎に体当たりして排除する、荒々しいなわばり行動をとります。ウグイスは「ホーホケキョ」という美しい鳴き声で、自分のなわばりエリアであることを主張します。このように、動物によってなわばりを主張し争う様式は異なっています。

また、なわばりをつくる理由も、エサの資源を確保するため、繁殖の機会を増やすため、良い条件の巣場所をつくるためなどさまざまで、これら一つあるいは複数の理由を持っていると考えら

なわばり行動と生態系の関係

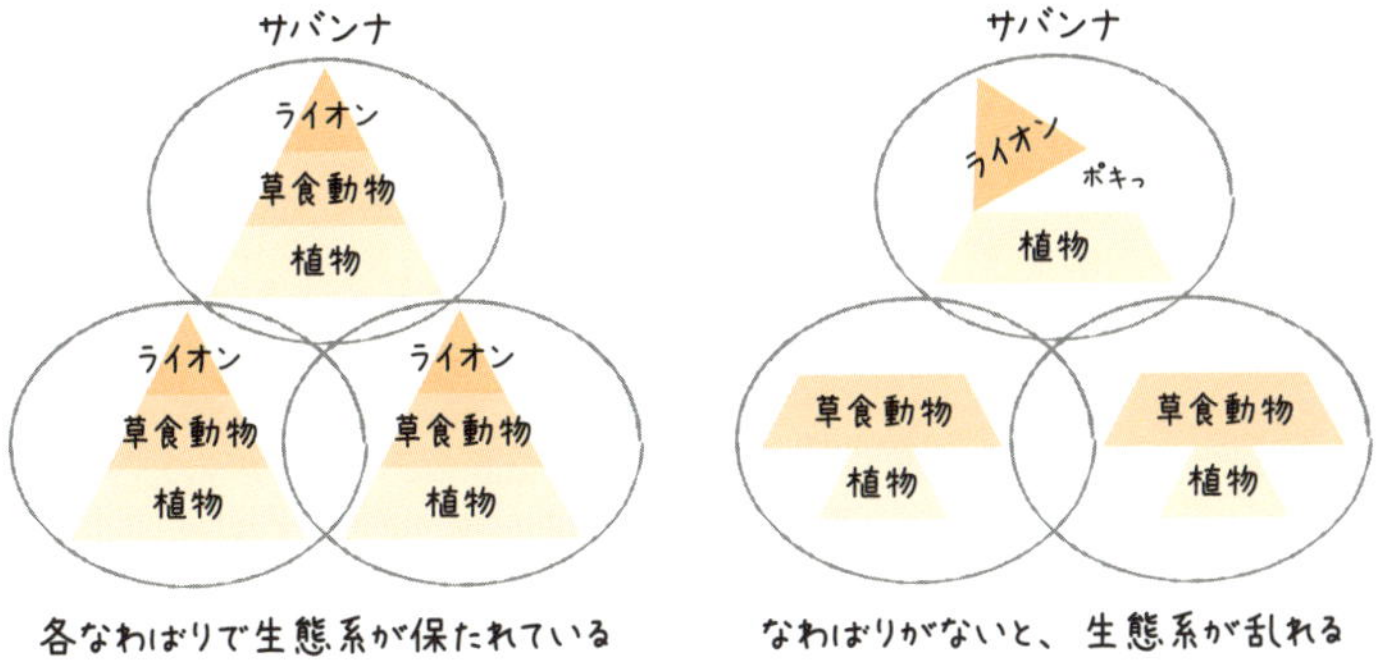

れます。

このなわばり行動ですが、草食性動物よりも肉食性動物に広く見られます。サバンナに生息するライオンやチーターは、毎日エサにありつける可能性は草食動物に比べれば、圧倒的に低いものがあります。エサをとる確率を上げるには、自分のなわばりをしっかり守って、他の肉食動物にとられないようにエサ資源を確保することが必要になってきます。

このように個々の動物は自分のエサのことを考えてなわばり行動をしているのですが、このなわばり行動全体を俯瞰した場合、ライオンやチーターなどの動物の個体数を分散させることで、1か所でエサ資源がなくなってしまうことを免れ、間接的に自然環境を保護することに役立ちます。

開拓者のなわばり意識、先住民のなわばり意識

私たち人間も狩猟生活によって暮らしていたことを考えれば、自然になわばりを形成していたと考えられます。現在でもなわばり行動は、至るところで見られます。例えば、隣人とは土地の境界線の問題で争いになるし、国同士を見ても国境線や島の領有権を主張して互いに譲らず、世界中で紛争が起きています。

人間にもなわばり行動は自然に見られると言いましたが、なわばりに対する考え方は人種や民族によって違います。日本語の「なわばり」は、縄を張って明確な境界線をつくるのに対して、英語の「**テリトリー**」の語源は、古代の帝国の周辺の支配地域を意味しています。

アメリカの先住民であるインディアンは自然とともに生きていたため、なわばりを永続的なものと見なさず、ある土地に数年滞在して狩猟や農耕をし、その後、その土地は自然に返すという生活を送っていました。

そこへ、ヨーロッパから開拓者たちが上陸してきたのです。開拓者たちにとって、土地は富を意味していました。彼らは、ヨーロッパでは貧しく土地をもっていなかったため、アメリカに広大な手つかずの土地が残っていることに歓喜し、なわばりをつくりました。

一方、インディアンたちは、新しく来た人たちに土地の開墾方法や農耕方法を教えたりと、親切に開拓者を迎えました。しかし、彼らは数年たっても一向にその土地から出ていこうとしません。話が違うぞ、とインディアンと開拓者の間で紛争へと発展していったのは、なわばりに対する考え方の違いがあったからなのです。

鮎の友釣りに学ぶ

サラリーマンが会社内での派閥争いをうまく利用して、自分の地位を高めていくことなど、人間同士のなわばり行動をうまく利用した事例は少なからずあります。そこで、生物のなわばり行動から、私たちにも関係しそうな事例をピックアップしてみましょう。

まず、**鮎の友釣り**です。鮎は清流に住み、川底についたコケなどの藻類をエサにしている草食性の魚類です。草食性動物はなわばり行動が少ないと前述しましたが、鮎は例外で、エサ資源の確保のためになわばり行動をとります。それを逆手にとったのが鮎の友釣りなのです。

針をつけたオトリの鮎をなわばりにわざと侵入させ、なわばりを保有する鮎がオトリの排除を試みて体当たりしたところをひっかけてとる方法です。これは、鮎のなわばり行動の習性を人間がうまく利用した釣りの方法ですね。

会議の席などで怒りっぽいライバルをわざと怒らせ、失敗に導こうとする謀略家が使いそうな手です。こんな手には引っかからないように注意しなければいけません。

アオカビのなわばり行動を利用した特効薬

鮎の友釣りより、もっと参考になる生物行動があります。細菌同士のなわばり行動です。細菌は同じ種や株ではどんどん増殖して、コロニーと呼ばれる集団を形成します。寒天を敷いたシャーレに、丸くて白いドットが散らばっている、あの一つひとつがコロニーなのです。

原始的な細菌ではありますが、もし他の細菌が自分のなわばりに侵入してくると、それを排除するために化学物質を放出します。この化学物質が私たちの医療に使われている「**抗生物質**」です。

1928年、イギリスのアレクサンダー・フレミングはブドウ球菌を培養していたシャーレをうっかり放置して、アオカビを増やしてしまいました。捨てようと思ってそのシャーレを見たところ、食中毒を起こす「**ブドウ球菌**」が、なぜかアオカビのコロニーの周囲にだけありませんでした。アオカビの何かが、ブドウ球菌を寄せつけなかったのです。

そこでフレミングはアオカビが放出するこの化学物質が何であるかを突き止め、世界初の抗生物質「**ペニシリン**」を発見しました。つまり、アオカビが自らのなわばり行動によって他の細菌の侵入を防ぐ手段として使っていたのがペニシリンであり、それを抽出（単離）して、人間の日常生活に利用したのです。ペニシリンは、第二次世界大戦中に大量生産ができるようになり、これまで傷口から細菌感染すると処方のすべがなかった多くの兵士の命を救いました。

抗生物質を発見したフレミングとワクスマン

フレミング（イギリス）
ペニシリンの発見で 1945 年にノーベル生理学・医学賞を受賞

ワクスマン（アメリカ）
ストレプトマイシンの発見で 1952 年にノーベル生理学・医学賞を受賞

ペニシリン以降、さまざまな細菌から次々と抗生物質の単離が行なわれました。1944年、アメリカのワクスマンは、土壌に生息する放線菌から、なわばり行動のために放出する抗生物質「ストレプトマイシン」を発見しました。このストレプトマイシンの発見により、それまで「死の病」として恐れられていた結核を治療することができるようになりました。

人間にとってのなわばりは、諍《いさか》いの結果として裁判闘争に陥ったり、戦争にまで至る、好ましくないものです。しかしこのように、私たちは生物同士のなわばり行動をうまく活用して、日常生活に役立つものを開発していることも知っておきたいものです。

05 終わりなき「抗生物質」と細菌のイタチごっこ

抗生物質

微生物によって産出される化学物質で、細菌やその他の微生物の発育を防止する物質のこと。天然物質を出発点として合成された改良型が開発されている。

傷口から入り込む細菌たち

転んですり傷や切り傷ができたときに、傷口をそのまま放置すると、赤く腫れて痛み、膿《うみ》が出てきます。この膿は、侵入してきた細菌とその細菌をやっつけるために戦った白血球などを含んだ液体です。どのような細菌が膿を引き起こすかというと、通常は皮膚や鼻の粘膜に棲んでいる黄色ブドウ球菌や緑膿菌などで、健常時は感染することはほとんどありません。

しかし、傷口ができるとそれらの細菌たちが体内に入り込み、人間の体液を栄養として、どんどん増殖していきます。その増殖した膿が黄色く見えることから、**黄色ブドウ球菌**、緑色に見えることから、**緑膿菌**と名づけられています。

傷口が深ければそれだけ体内の奥まで細菌が入り込み、重篤な症状を引き起こす場合があります。特に第二次大戦中は戦争によって受けた傷は深く、また不衛生さも合わさって、感染症によって多くの兵士がなくなりました。そこに前項でお話しした、抗生物質ペニシリンが発見され大量生産されたことにより、黄色ブドウ球菌やレンサ（連鎖）球菌の増殖を抑えることができ、多くの兵士が救われたわけです。

ペニシリンが効かない……

ペニシリンの開発直後は、この特効薬の素晴らしい効能に驚きと称賛が与えられました。しかし、その効果は数年で陰りが見え始めました。ペニシリンを分解する酵素をつくり出すことができるニュータイプの黄色ブドウ球菌が現れ、特にペニシリンを多用していた病院内で広まるようになったためです。

そこで、この酵素によってペニシリンが分解されないように化学的に変化させた「**メチシリン**」という新たな抗生物質が開発されました。メチシリンの投与によって、ニュータイプの菌を退治でき、めでたしめでたしと思いきや、数年後、今度はこのメチシリンに耐性をもつ、もっとニュータイプの黄色ブドウ球菌が現れ、広まりました。

これが「**MRSA**」（メチシリン耐性黄色ブドウ球菌：MRSA ＝ Methicillin-resistant

Staphylococcus aureus）です。

「ある総合病院でMRSAが院内感染し、老人が死亡しました」というニュースがよく流れます。先ほども述べたように、健常者であれば黄色ブドウ球菌に感染することはほとん

●細菌と抗生物質との終わりなき闘い

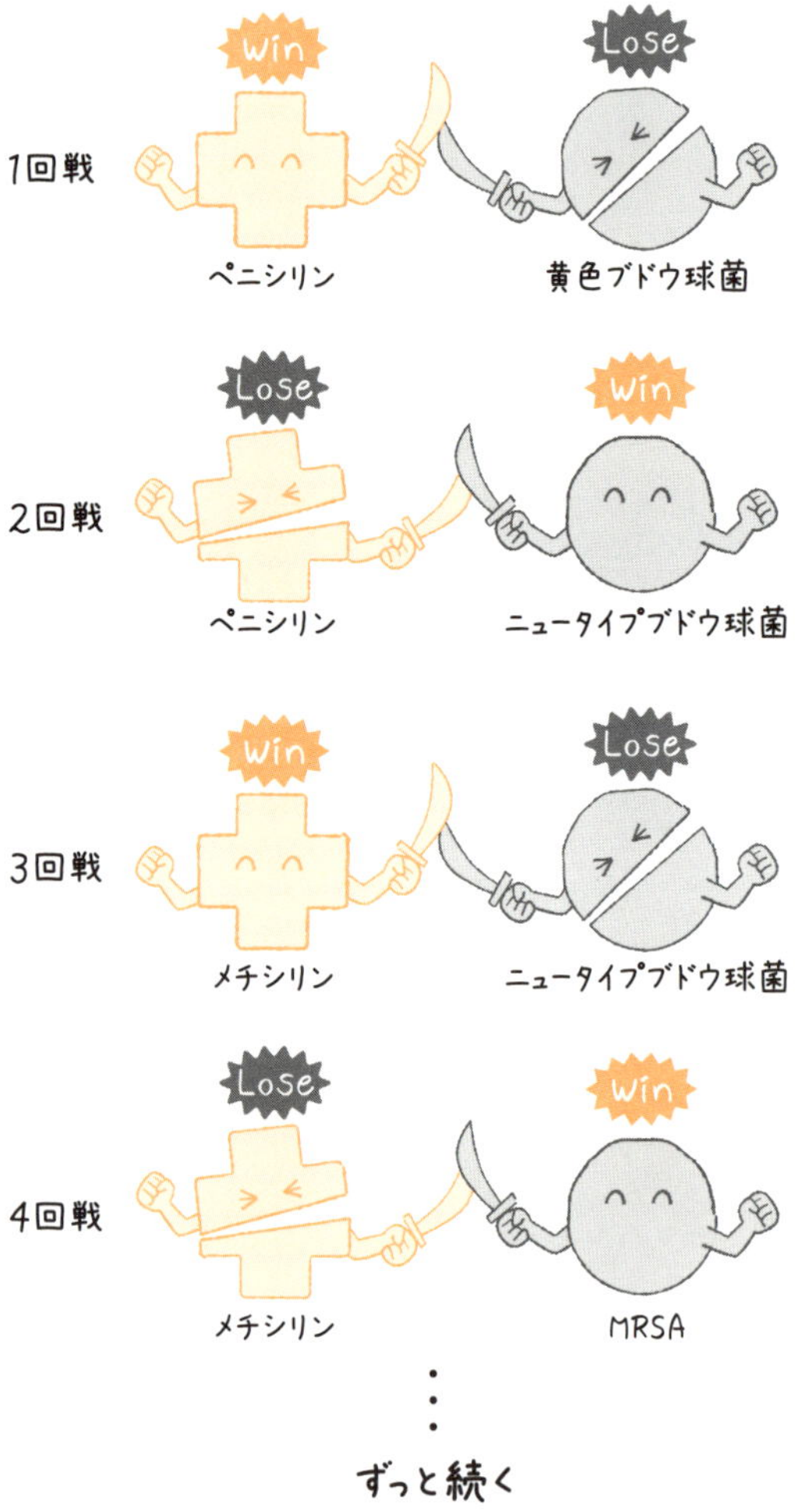

どありません。しかし、けがや病気により免疫力が弱まり、常在の細菌さえも抗し得ないとき、抗生物質の投与が必要になります。抗生物質によってほとんどの細菌が排除された脆弱な体に、抗生物質が全く効かないＭＲＳＡが襲い掛かってくるのです。

ペニシリンの発見以降、現在まで５００種類を超える抗生物質が開発されてきました。そして現在、これらの抗生物質それぞれに耐性菌が発見されています。細菌の適応能力の高さに驚くばかりであり、今後も人間による抗生物質の開発と耐性菌の誕生のイタチごっこが続くことでしょうが、負けるわけにはいきません。

最悪のシナリオ①傷口からブドウ球菌が入ると…

細菌が体内に侵入すると、その後、私たちの体にどのような悪さを引き起こすのでしょうか。黄色ブドウ球菌を例にとって、最悪のシナリオを考えてみましょう。

傷口から感染してきたブドウ球菌は、まずヒトの細胞にベタベタとくっつきます。そして、プロテアーゼと呼ばれる酵素を産出して、ヒトの細胞を破壊し始めます。また、血液の凝固因子を活性化させるため、末梢血の循環が止まってしまいます。これによって、血液に乗ってパトロールしている抗体や好中球などが、ブドウ球菌の場所まで近づくことができなくなります。

ブドウ球菌は野放し状態で、どんどん分裂・増殖します。増殖したブドウ球菌は、血流に乗ってさまざまな部位へと移動を始め、そのときにα毒素を産出します。これは赤血球の膜にリングを形成し、穴をあけて溶血を引き起こします。それに加えてロイコシジンという毒素も産出し、マクロファージなどの食細胞を破壊します。

この体内の異常事態に気づいた免疫システムは、免疫系の最終兵器であるT細胞が出動し、侵入したブドウ球菌を退治しようとします。しかし、このときすでにブドウ球菌は大量に増殖している状態で、毒素も大量に出しています。T細胞たちは全力で対抗しなくてはいけないと思い、他の免疫細胞たちを呼びつけたり活性化させたりするために、ありったけのサイトカイン（免疫関係の情報を伝達するタンパク質）を産出します。

しかし、このT細胞のがんばりが、逆に私たちの体に悪くはたらきます。高熱、悪寒、ショックなどの重篤な症状が現れ、敗血症と呼ばれる状態になります。顔色が青ざめて倒れ込み、そのまま死に至る可能性もあるのです。

最悪のシナリオ②口からブドウ球菌が入ると…

傷口からではなく、口から大量のブドウ球菌が入ってくるケースもあります。こちらも最悪のシナリオを見てみましょう。

黄色ブドウ球菌は、エンテロトキシンというタンパク質の毒素を産出し、食中毒を引き起こします。エンテロトキシンは標的臓器に達すると神経を刺激、下痢や嘔吐を引き起こします。

この黄色ブドウ球菌が原因で、2000年に戦後最大の集団食中毒事件が起こりました。加工乳を飲んだ約1万5000人が嘔吐や下痢などの症状を起こしたのです。当時、乳業トップだった雪印乳業はこの影響で経営が傾き、国から経営再建の支援を受けることになりました。

当時の乳業業界は衛生管理においてはトップランナーとされ、HACCPの承認も受けていましたが、マニュアルがあってもそれを守らずに作業をしていたとされます。また、マニュアルを守っていたとしても想定外のことは起こりえます。にもかかわらず、過信、マニュアル無視、想定外への対応など、準備不足が指摘された事件でした。ナマモノを扱う業界では、菌の混入を防ぐ努力を常に怠ってはいけないのです。

PART 3

生命をつないできた「生物」のしくみ

01 生物の形に学ぶ「バイオミメティクス」

バイオミメティクス

生物が長い年月をかけて獲得した形と機能を模倣して応用する。さまざま生命活動を観察して気づくことがヒントになる。

引っつき虫から生まれたマジックテープ

秋の野原を駆け回ると、雑草の種子がよく服にくっつきます。〝引っつき虫〟と言いながら、わざと友だちの服にくっつけて遊んだ記憶もあるでしょう。植物は自らの力で動き回ることができないので、なんとか種子を動物に付着させ、その動物の力を借りて遠くまで運んでもらい、自分の分布を広げようという知恵です。

くっつく種子の一つ、コセンダングサの種子を電子顕微鏡で見てみると、大きな鋭い突起と小さな突起があり、ひとたび引っかかると振り落すのは至難な構造になっています。アレチヌスビトハギのさやもピッタリと服に張りつき、服を洗濯機で洗濯しても離れません。表面の構造を見ると、フック状の突起がたくさん残っています。これでは簡単には外れないはずです。

※クラレの登録商標

このくっつく種子の構造を参考にして開発されたのがマジックテープ※と呼ばれるものです。このように、生物の形や機能を真似て製品化することを**「バイオミメティクス」**と呼びます。ループ状の繊維がついたテープとカギ状の繊維がついたテープを合わせると、く

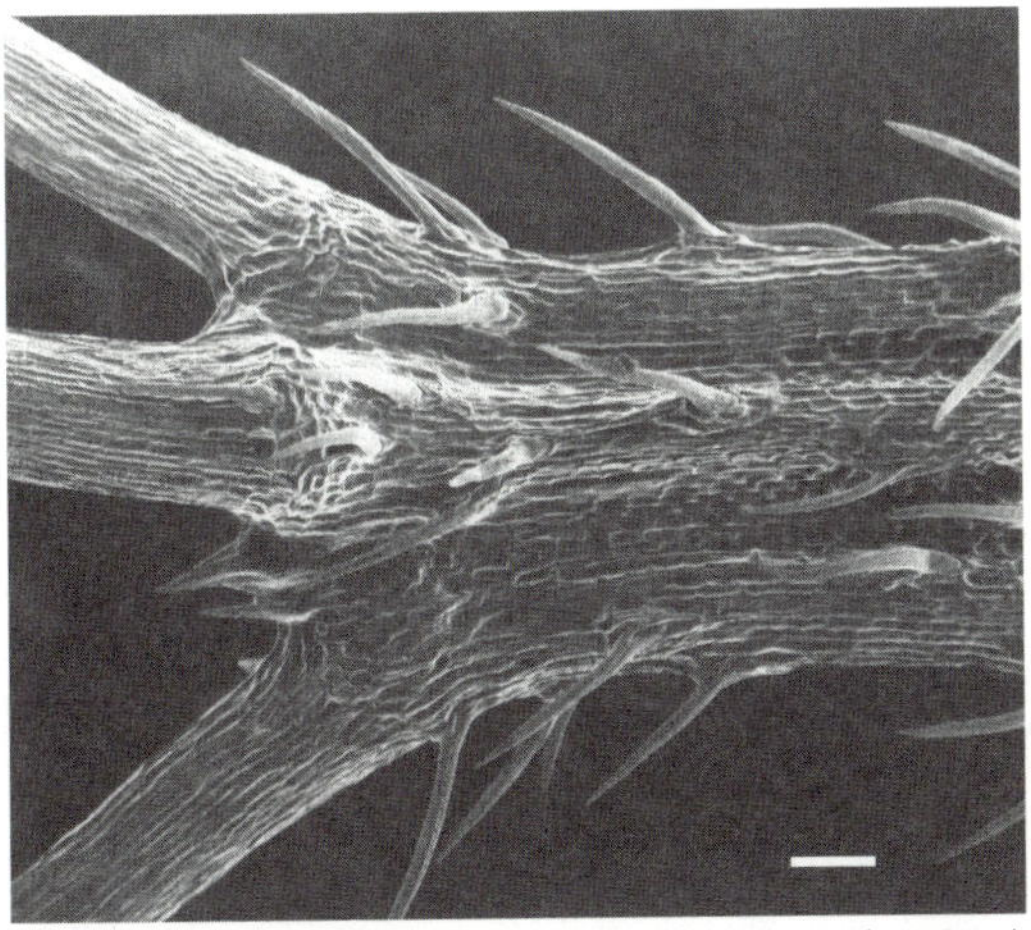

(スケールバーは 0.1㎜)

コセンダングサの種子

表面に先端の尖った突起がある。

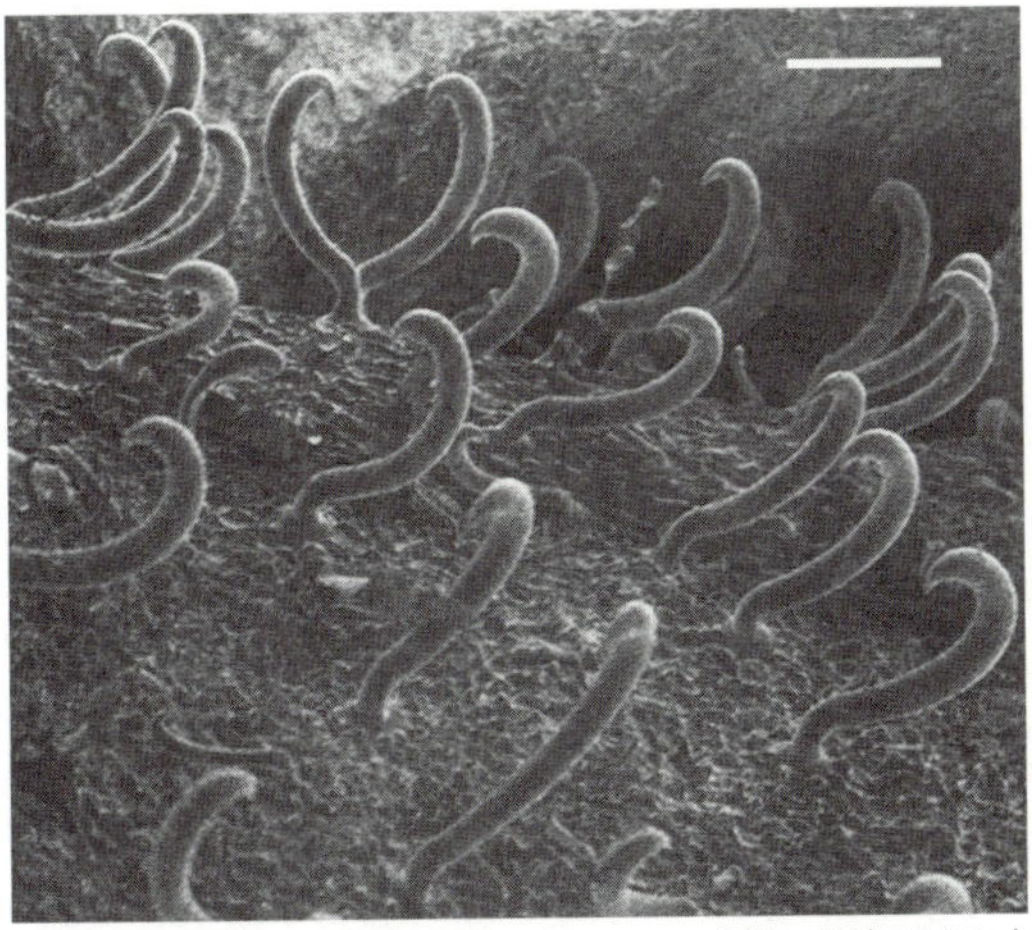

(スケールバーは 0.1㎜)

アレチヌスビトハギのさや

フック状の突起が見える。

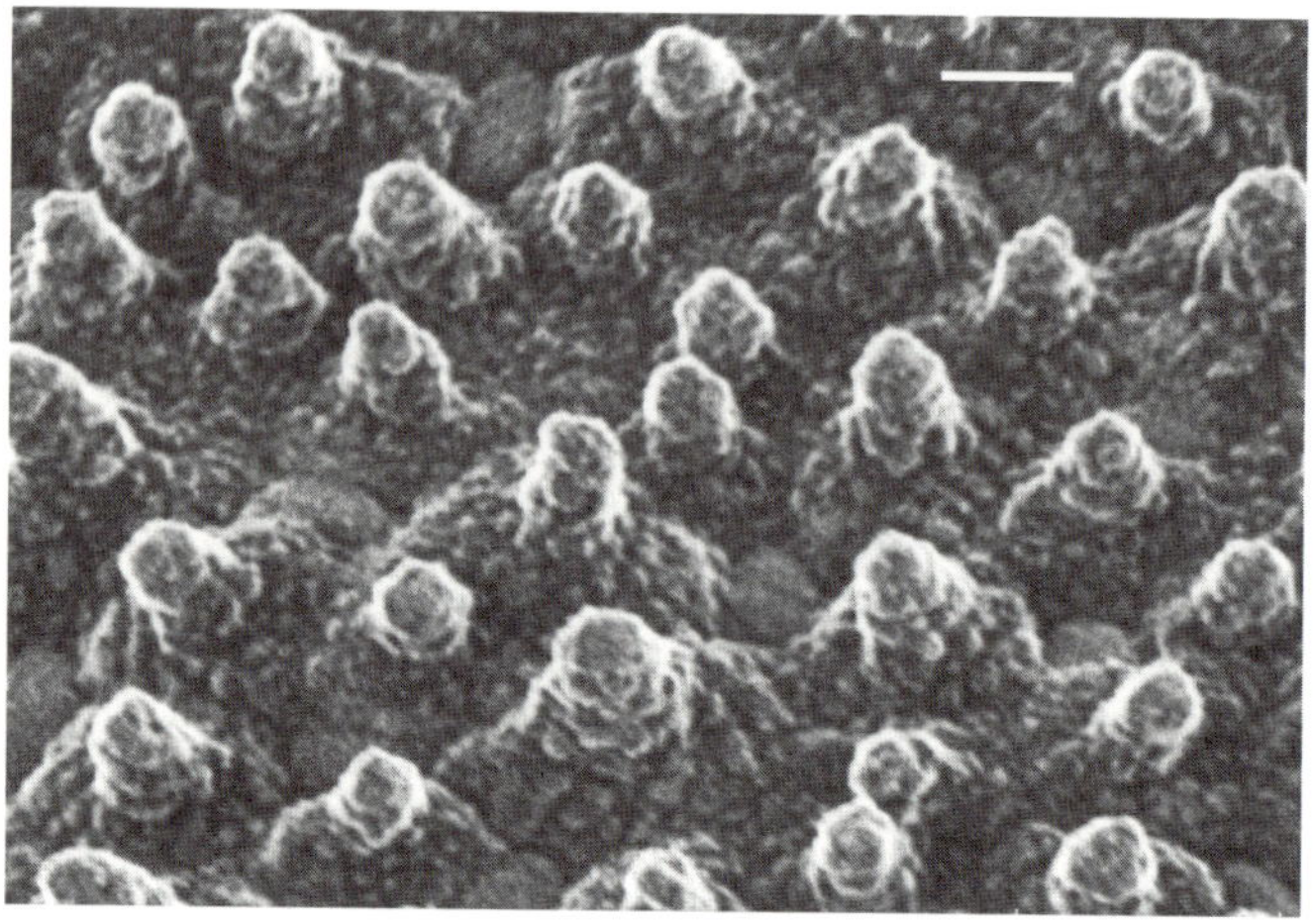

ハスの葉　（スケールバーは 0.01㎜）

一つひとつの突起の表面には、さらに小さな粒状のワックス構造が見られる。

っついて簡単には剥がれません。

ハスの撥水構造とヨーグルトの蓋

ハスの葉の撥水《はっすい》構造も有名です。ハスの葉の上ではコロコロと水滴が転がります。同じ池にあるスイレンやアサザの葉の上では、そのような水滴は見られません。

そこでハスの葉を電子顕微鏡で見てみると、ワックスに覆われた突起が規則的に並んでいるのが見えます。一つひとつの突起にも、さらに二次的な突起がたくさんついています。この構造を模倣した製品も多数ありますが、最近では蓋にヨーグルトがくっつかない容器があります。この容器の蓋は、ハスの葉の表面のように微細な突起状に加工されています。

この製品のきっかけは〝神頼み〟だったそうです。10年以上もヨーグルトがくっつかない蓋の開発を目指して努力してきた中小企業の社長さんが、神頼みで神社にお参りに行ったところ、神社の裏にあった池のハスの葉を見てピンときたとのこと。水をはじくハスの葉にヨーグルトを垂らしてみると、コロコロと玉のように転がり、すぐにハスの葉の表面構造の研究を始めたそうです。

生物の不思議に気づくこと

バイオミメティクスでは、動物の構造も参考にしています。数年前にはサメ肌の構造を参考にして速く泳げる水着が話題になりましたし、ヤモリの指の構造を参考にした粘着剤もつくられています。また、ジメジメしたところで生活しているのに、カビが生えたり汚れが付着することもなく、いつもきれいに保たれているカタツムリの殻の構造を真似た建材もあるようです。

私たちが参考にできるような生物の形や機能はまだまだたくさんありそうです。まずは観察眼を研ぎ澄まして、不思議に気づくことが第一歩です。

02

期待が広がる「DNAナノテクノロジー」

DNAナノテクノロジー

生命の設計図であるDNAを部品として利用し、さまざまなナノスケールの製品を構築すること。

極小世界の注目の技術革新！

DNAを構成する4種類の塩基の並びは、一見するとランダムに見えますが、そのDNA配列に生命の設計図が記憶されています。DNA上の生命の設計図は長期にわたり記憶され、いつでも正確に複製でき、遺伝情報を子や孫に伝えることができます。最新のバイオテクノロジーの技術を用いて、今から5000年前のミイラからDNAを取り出して、遺伝情報を解読したというニュースもありました。このようにDNAは、複製の正確さや長期保存可能という特徴を備えています。

1細胞あたりのDNAはまっすぐに伸ばすと2mになるものの、直径はわずか2nm（ナノメートル＝1mの10億分の1）という極微小のスケールです。普通の光学顕微鏡では、このようなサイズ

●コンピュータよりDNAのほうが効率がよい？

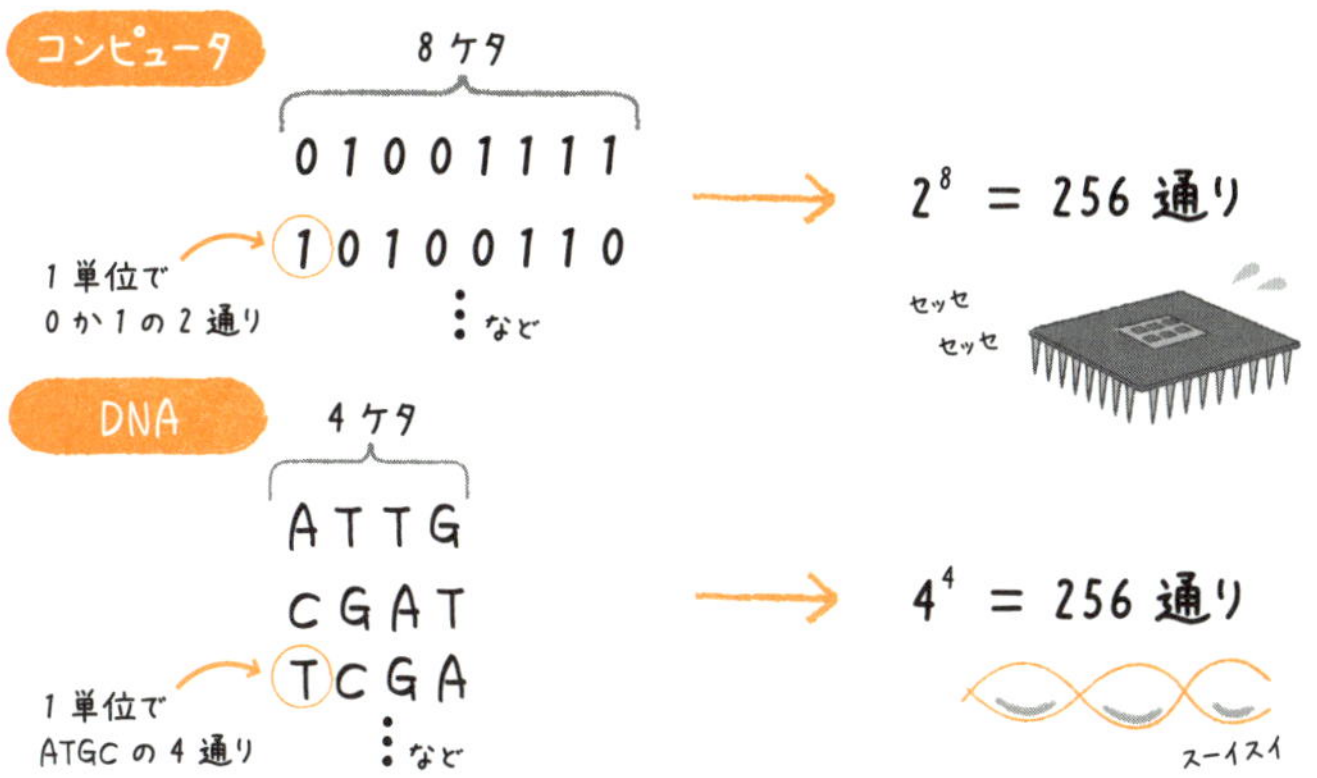

のDNAの二重らせんを観察できないので、電子顕微鏡を使わなければなりません。このとんでもなく小さいDNAを部品として利用する、**DNAナノテクノロジー**が近年注目を浴びています。

DNAが記憶媒体となる？

DNAナノテクノロジーの一つとして、「DNAを記憶媒体として利用できないか」という、研究開発が進められています。

私たちは、文字や写真をデジタルに変換してコンピュータに保存しています。一般的なコンピュータは、0と1の2種類で表記する2進法と呼ばれる体系を使ってデータを記憶しています。一方、DNAの塩基にはA、T、G、Cの4種類があり、4進法で表記されていると言えます。コンピュータと比較すると、DNAのほうが1単位あたり2倍の記憶能力があることになります。つまり、塩基四つ分で8ビットを表記することができ、同じデータを記憶するときにDNA量が少なくて済みます。

理論上は、1グラムのDNAで2ペタバイト（ペタはテラの1000倍、ギガの100万倍）のデータを記憶できることになり、これはDVDディスク40万枚分のデータ記憶量に相当します。DNAは生物の構成物質であるため、データを刻み込んだDNAを例えば人体に埋め込んで保存しておくことも不可能ではありません。ただ、現時点ではコストと時間がかかり、実用化という意味では超えるべきハードルはいろいろとあります。しかし、DNAの塩基を人工的に並び替えたり、読み出したりすることはすでに技術的には可能なのです。

DNAは二本鎖になりたがる

DNAの二重らせんについて、少し説明しておきましょう。DNAは熱を加えると、一時的に二重らせん一本ずつに分かれます。しかし、温度を下げると、何事もなかったかのようにまた元通りの二重らせんに戻ります。これは二重らせん構造のほうが安定的なので、DNAが元に戻りたがるためです。

塩基が8個程度の短いＤＮＡの配列であっても、塩基対が相補的であれば（つまりＡとＴ、ＣとＧがペアになる配列があれば）、無数の塩基対の中から自分がピタリとはまる場所を探し出して結合することができます。

ＤＮＡナノテクノロジーの分野では、このＤＮＡの二本鎖になりたがる性質を利用して、ナノスケールの立体構造体を作成する技術が開発されています。

DNAで折り紙を折る

ＤＮＡは非常に長い鎖状の高分子ですが、このＤＮＡを編みこんで平面や立体をつくる試みが行なわれています。これを「**DNAオリガミ法**」と呼んでいます。アメリカ人が命名したので、漢字ではなくカタカナの「オリガミ」が使われています。実際、折り紙のように山折り谷折りして構造体をつくるというよりも、経糸《たていと》と緯糸《よこいと》を交差していく織物に近いイメージです。

ＤＮＡ二重らせんを一本の糸に見立てて二本の糸を交差して平織りをつくっていくと想像するかもしれませんが、もっと賢い方法を使っています。まず、ＤＮＡ二重らせんをほどいて片側一本のＤＮＡ鎖を経糸にします。人工的につくった短いＤＮＡ鎖を緯糸にして、経糸に次々とくっつけていきます。

●DNAオリガミのつくり方

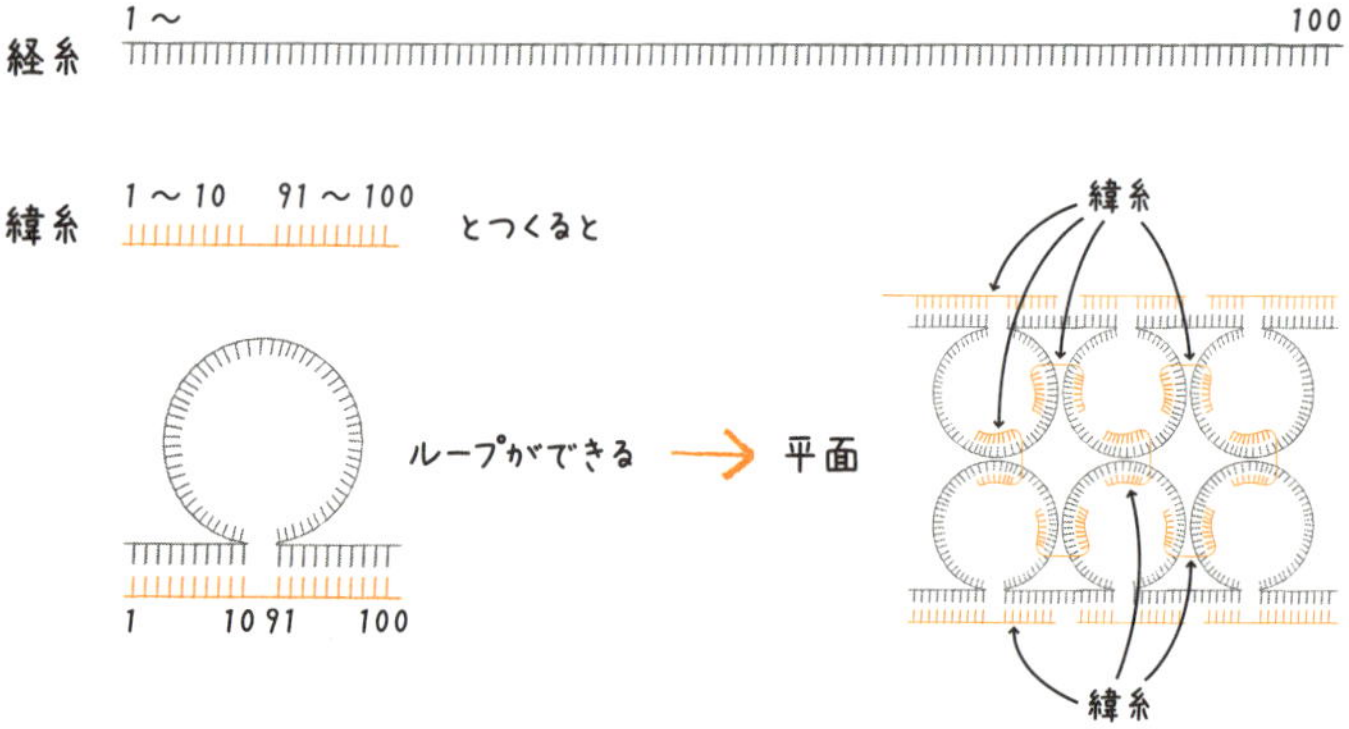

仮に、経糸の塩基に1から100まで番号をふってあると考えてみましょう。緯糸を人工的に合成するときに、経糸と完全に相補的な配列ならば、一本の線にしかなりません。人工的な緯糸を1〜10番の次に91〜100番がくるようにして、真ん中を省略した短い相補配列をつくります。そうすると、経糸の11番から90番まではくっつく相手がいないので、その部分がループとなります。「線が面になった」と言えるでしょう。ループの部分に新たな緯糸をくっつけて、他のループと隣り合わせにすることも可能です。図のように一本の長い経糸に何本もの緯糸をくっつけることによって、しっかりと組み合わさった平面体をつくることができます。

このように、経糸のどの位置に、緯糸をくっつかせようかと考えながら人工的に緯糸を合成するわけです。うまく設計すれば、自分の好きな形の平面構造をつくることができるだけでなく、立体構造をもつくることが可能になります。

薬も入れられるDNAオリガミ

このDNAオリガミ法の最大のメリットは、DNAが自分で勝手にくっついて構造をつくってくれることです。ナノスケールのDNAをピンセットを使って手作業で織るのは不可能に近いのですが、そんなことをしなくて済みます。DNAの塩基がペアになる配列を探し出し、二本鎖になりたがる特質をうまく使っているからです。

必要なのは、経糸と緯糸に相当するDNAと、温度を上げ下げできる小さな装置だけ。自宅のキッチンで鍋を使ってつくることも可能です。

例えばDNAオリガミ法で中空の立体の箱をつくって、その中に細胞にダメージを与える薬剤を入れておきます。生体物質であるDNAに囲まれているので人体には無害ですが、がん細胞と接したときだけその箱の蓋が開き、中の薬剤を放出するようにします。これによって、選択的にがんを排除するような治療が開発されています。

このように実用化を待つDNAナノテクノロジーは無数にあり、しかも、これまでのものづくりの常識を覆す大きな可能性を秘めているのです。

03 地球の生命を支える「光合成」

光合成

太陽の光エネルギーを他の生物が利用できる形に変換する反応。地球上ですべての生き物のために植物が担っている役割。

ヒトも光合成のおかげで生きている

子供の頃、隣家のおばあさんは毎朝、太陽を拝んでいました。当時は太陽のありがたみを十分理解していなかったので、不思議な感じでした。でも、植物が地球の生命のために果たしている役割について知るようになると、すべての生き物にとって太陽がいかに重要であるかがよくわかります。私たちヒトも生きて活動するためのエネルギーは、元をたどればすべて太陽の光エネルギーだからです。

私たちは、食べ物から活動するエネルギーを得ています。例えば、朝食を思い浮かべてみてください。ごはんやパンなどの主食は植物ですから、野菜類と同様、太陽光を利用して成長したものです。肉や魚、卵など動物由来の食物も、その動物が得たエネル

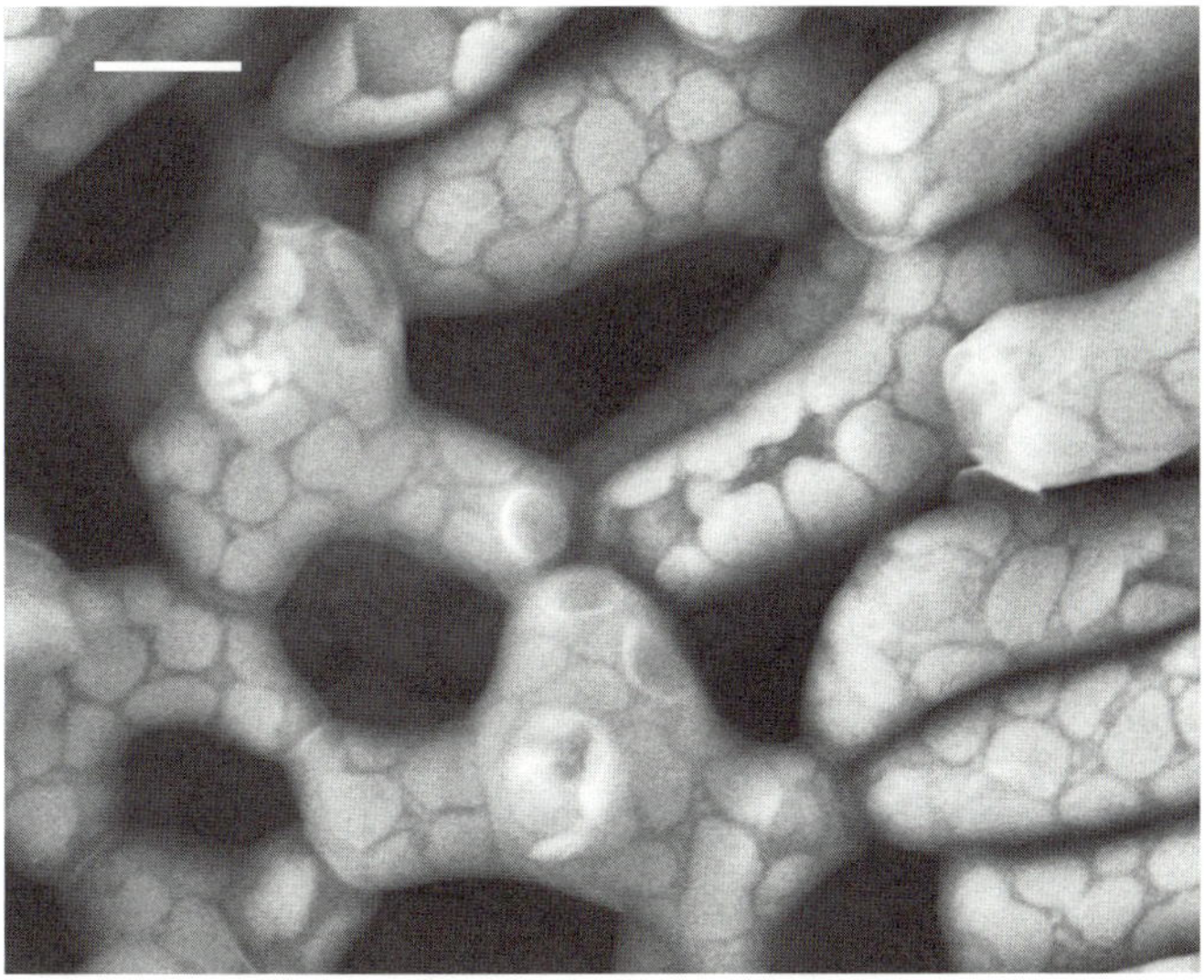

ローズマリーの葉肉細胞（クライオ SEM 反射電子像）（スケールバーは 0.01㎜）

棒状の柵状組織細胞と突起のある海綿状組織細胞。どちらの細胞でも表面下に敷石のように並ぶのは葉緑体。

ギーの元をたどれば、必ず太陽光を利用する植物に行きつきます。

つまり、植物は太陽の光エネルギーを他の生物が利用できる形に変換することができるのです。これが「**光合成**」です。

葉緑体ってどんな形？

地球上で動物がいるところにはそれを支える多くの緑の植物があり、植物は太陽の光を利用して動物が利用できるエネルギー源である糖をつくります。

そして、この光合成が行なわれるのが植物細胞に含まれる

「**葉緑体**」です。上の写真を見てください。これはローズマリーと呼ばれるハーブの葉の断面です。光合成を盛んに行なう2種類の葉肉細胞の様子がよくわかります。表皮のすぐ下に並ぶ棒状の細胞は、柵のように見えるので柵状組織細胞と呼びます。

また、その下の層にはあちこちに突起を出したテトラポッドのような形の細胞が並んでいますが、こちらは海綿状組織細胞と呼ばれます。細胞と細胞の間に空気の通り道を確保するため、このような形になっているようです。

どちらのタイプの細胞も、表面下に敷石のようにびっしりと敷きつめられた構造が見えます。これが全部、緑色の葉緑体です。光合成を行なう葉緑体は、太陽光を利用して、空気中の二酸化炭素を取り込むために、このような形状で配置されています。成長した葉で主に光合成を行なう葉肉細胞では、葉緑体は細胞の表面にずらりと並び、細胞の内部は巨大な液胞が占めています。液胞の体積は細胞の90%以上にもなります。

光合成でつくった糖は、デンプンの形でひとまず葉緑体の中に蓄えることになります。デンプンはヨウ素液で染めると紫色になるので、光学顕微鏡でも観察できます。

さて、葉緑体は立体的にはどのような形なのでしょうか。植物細胞の模式図にはよく楕円形の断面図が用いられるので、ラグビーボール型と思っている人もいるようです。実際は碁石や凸レンズ、あるいはアンパン型と言ったほうが近いかもしれませんね。中に含まれるデンプン粒が大きいと、ふっくらと膨らんだ形になります。

葉緑体の起源は共生体

このように地球のすべての生命を支えていると言ってもよいほど、極めて重要な葉緑体ですが、もとは独立したシアノバクテリア（藍藻）のような生物が、他の細胞に取り込まれて**細胞内共生体**となり、その後、長い年月を経て細胞内小器官になったと考えられています。今でこそ、葉緑体の細胞内共生起源説はミトコンドリアの共生起源説と同様、多くの科学者に受け入れられていますが、この説がリン・マーグリスという若い女性科学者によって提唱された当初、つまり１９６０年代から１９７０年代にかけては、ほとんどの人は半信半疑でした。その後、科学が進歩して共生起源説をサポートする実験結果が蓄積するまでに数十年を要しました。

葉緑体は独自のＤＮＡを持っていますが、シアノバクテリアのＤＮＡ量と比べるとはるかに少なく、大半は細胞核に取り上げられてしまいました。葉緑体の分裂や増殖などはすべて細胞核の支配下にあります。細胞の一員として機能するために、やむを得ない成り行きだったと言えます。

次ページにある現存するシアノバクテリアの電子顕微鏡写真を見てみましょう。光エネ

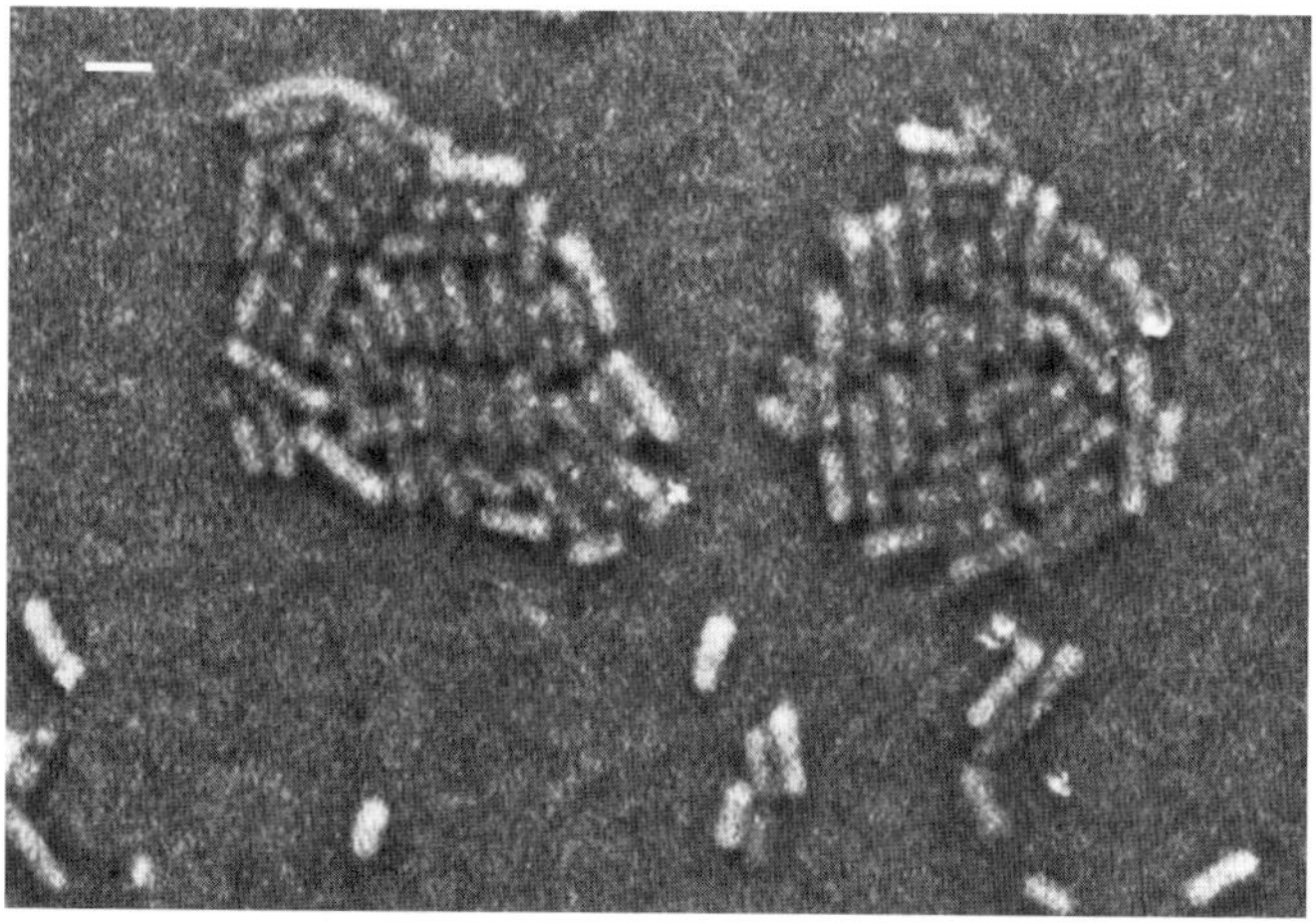

寒天培地上で増えるシアノバクテリア
(クライオ SEM 反射電子像)

(スケールバーは 2㎛)

棒状の細胞は二つに分裂しては伸長することを繰り返して増殖する。細胞内の小さな白い点はポリリン酸の塊。

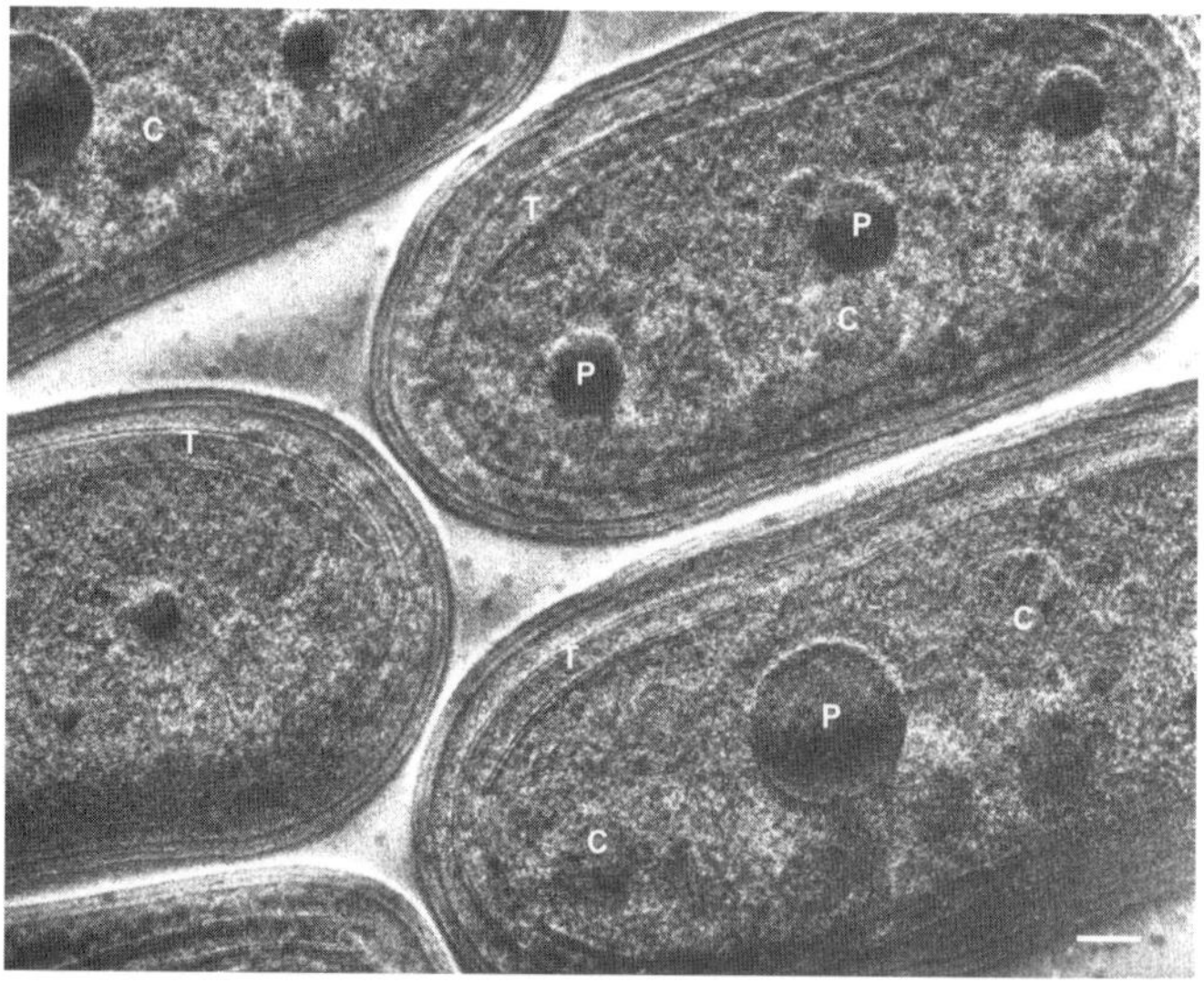

シアノバクテリア細胞
(位相差電子顕微鏡像、撮影：新田浩二)

(スケールバーは 0.1㎛)

周囲に並ぶチラコイド膜 (T)。黒い丸はポリリン酸体 (P)。この観察方法では黒く見える。多角形はルビスコの集合体カルボキシソーム (C)。

ルギーを受容するチラコイド膜と、そこで変換されたエネルギーを利用して二酸化炭素を取り込む酵素（ルビスコ）の集合体である多角形のカルボキシソームが見えます。ルビスコは地球で最も多い酵素として知られています。20数億年前には光合成の副産物として発生した酸素は大気中に蓄積されるようになり、やがてオゾン層が形成されました。シアノバクテリアは核のない原核生物です。長い環状のＤＮＡは細胞中にきちんと収納され、必要なときには利用され、さらに正確に複製・分配されているはずですが、そのしくみはまだはっきりとはわかりません。

シアノバクテリアの写真の中にある黒い大きな球状の構造はポリリン酸を蓄積しています。ポリリン酸は機能がわからず分子の化石とまで言われたこともありますが、シアノバクテリアに限らず、すべての生物に含まれており、重要な役割を担っていると考えられます。

30数億年に及ぶ生命の歴史では、たくさんの偶然の出来事が積み重なって今日に見る生物の繁栄につながっていることがわかります。

04 植物の陸上生活に役立った「クチクラ層」

クチクラ層

およそ5億年前、水中から上陸した植物が獲得した。植物体の表面を覆う疎水性の物質から成る防水層で、水分の蒸散を防ぐ。

地上に上がった水中の光合成生物

今では地球の陸地の大半は緑色の植物で覆われていますが、もともとは水の中にいました。

では、どのようにして水中から陸に上がったのでしょうか。植物が最初に上陸したのは、およそ5億年前と考えられています。20億年前には水中で核や葉緑体、ミトコンドリアなどをもつ真核生物が出現し、さらに単細胞から多細胞へと体制が複雑化するなど多様な進化が繰り広げられました。細胞内共生により、葉緑体の元となったシアノバクテリアは単系統と考えられますが、緑色、紅色、褐色など、水中でさまざまな光合成色素をもつ形に進化しました。このように、水中の光合成生物は形も色も多様です。

ところが、その中で緑色の葉緑体をもつ緑藻の系統のみが上陸に成功しました。緑藻の中でも、シャジクモの仲間が陸に上がった植物に最も近いと考えられています。水の中から果敢に陸を目指し、上陸に成功したのが緑藻の仲間だけだったということです。最初に上陸した植物がどのようなものだったのか、湖の岸辺で水音を聞きながら、想像するとワクワクしないでしょうか。

陸へ上がった植物の進化の過程は、「乾燥への適応」であったとも言えます。有性生殖のしくみを見ても、コケ植物やシダ植物では精子が泳いで卵細胞までたどり着くために水環境を必要としますが、陸上で進化した被子植物では乾燥耐性のある花粉がめしべの柱頭に付着したのち、精細胞は花粉管によって子房に包まれた胚珠《はいしゅ》まで運ばれます。今でもコケ植物やシダ植物は、ジメジメした水分の多い環境でよく見られますね。

植物の天敵「乾燥」に打ち勝つには

植物の陸上生活を支えるために、一連の物質がつくられました。以下で述べるクチクラ、スポロポレニン、リグニンなどです。いずれも分解されにくく、疎水性であるという共通の性質を持っています。

陸上植物の表皮は**クチクラ層**と呼ばれる層で覆われており、これによって水分が表面から簡単に蒸散しないようになっています。ただ、クチクラ層は空気も通さないので、二酸

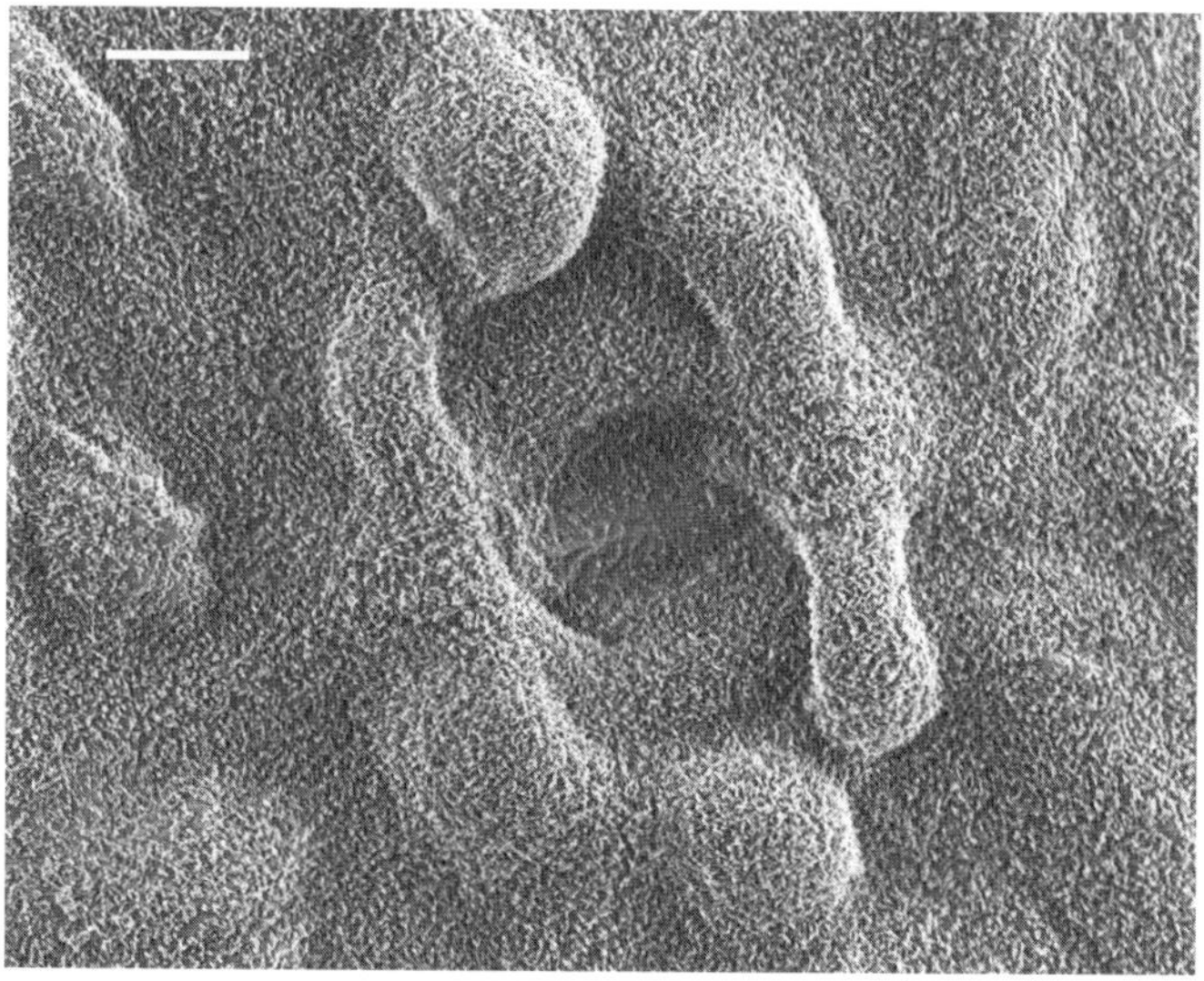

（スケールバーは 0.01㎜）

イチョウの葉のクチクラ層

クチクラ層の表面はワックスで覆われている。

化炭素を取り込むために気孔が必要になりました。実際、葉の表面を電子顕微鏡で観察すると、クチクラ層の上にさらに、さまざまな形状のワックスが付いていたり、たくさんの毛で覆われていたりします。葉の手触りもツルツルのもの、ゴワゴワしているもの、フワフワのものと多様ですが、表面構造を見ると納得できます。

花粉は乾燥状態でも生き残るために、スポロポレニンという化合物を含む壁で覆われています。スポロポレニンは、地球上で最も分解されにくい生体高分子と言われているものです。花粉が植物種によって特徴的な形や模様をもっていることも知られています。頑丈で化石としても残りやすい花粉は、かつての植物相を知る試みにも用いられます。

カスパリー線という関門

樹皮にはスベリンという疎水性の物質が沈着していて、内部から水分が蒸発するのを防いでいます。スベリンはまた根の維管束《いかんそく》を取り囲む内皮と呼ばれる細胞層の細胞壁にひも状に沈着しています。この疎水性のバリア構造を**カスパリー線**と呼びます。

植物の細胞壁はスポンジのような性質をもっていて、どのような物質でも選別することなく浸み込み、細胞壁を経由して物質が移動していきます。しかし、自由に移動できるのは内皮のカスパリー線までで、カスパリー線に行き当たると、そこから先は細胞膜を通って細胞内部を通る経路しか残

カスパリー線は疎水性のバリア構造

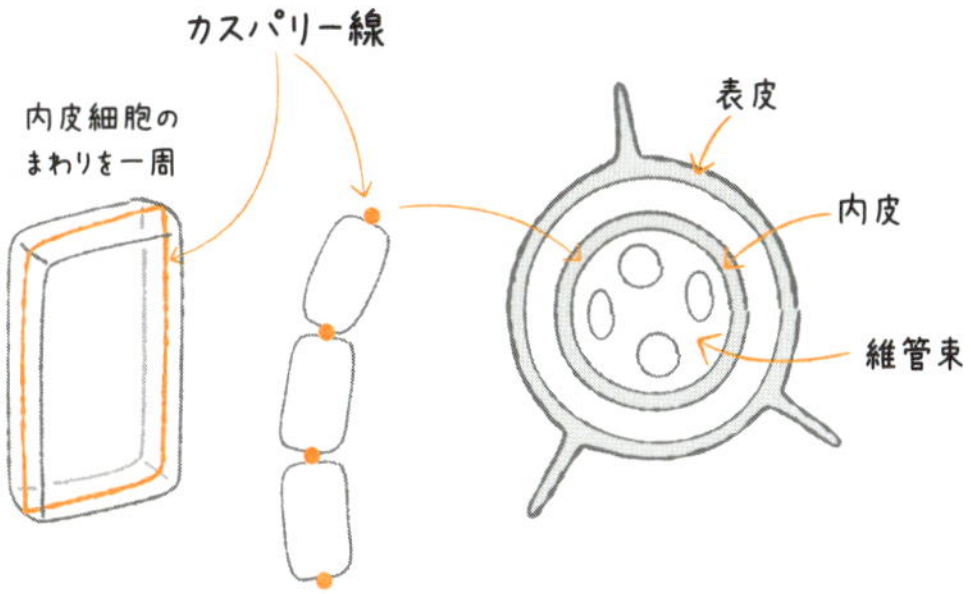

されていません。細胞膜では、細胞内に入れてよい物質かどうかがチェックされます。

土の中から水分や養分を吸収する根のカスパリー線は、不必要で有害かもしれない物質が無差別に維管束に到達して、植物の他の部位に輸送されることを防いでいます。根の組織は根端にある分裂組織でつくられた細胞が成長、分化してつくられますが、根の表皮細胞から根毛がつくられ、外部から盛んに吸収できるようになる頃には、維管束のまわりのカスパリー線も完成してチェック体制を整えています。

木部の管を葉巻きの煙がモクモクと……

維管束植物の木部《もくぶ》の細胞壁にはリグニンが沈着しています。樹木の木材として使われる部分は木部です。木質化することを**リグニン化**するとも言います。リグニンは分解されにくい化合物で、これが沈着した細胞壁は固くなります。木材が固いのはリグニン化した細胞壁によるものです。植物が縦に伸びる時期を終え、横方向に肥大成長するとき、茎の形成層にある分裂組織が内側に木部を、外側に篩部《しぶ》を分化させるので木部は毎年リング状に増え続けます。

木部にある道管や仮道管は、根から吸収した水や養分を運ぶ管です。これらの管が端から端までつながっていることを、実演して見せてもらったことがあります。２m近い長さ

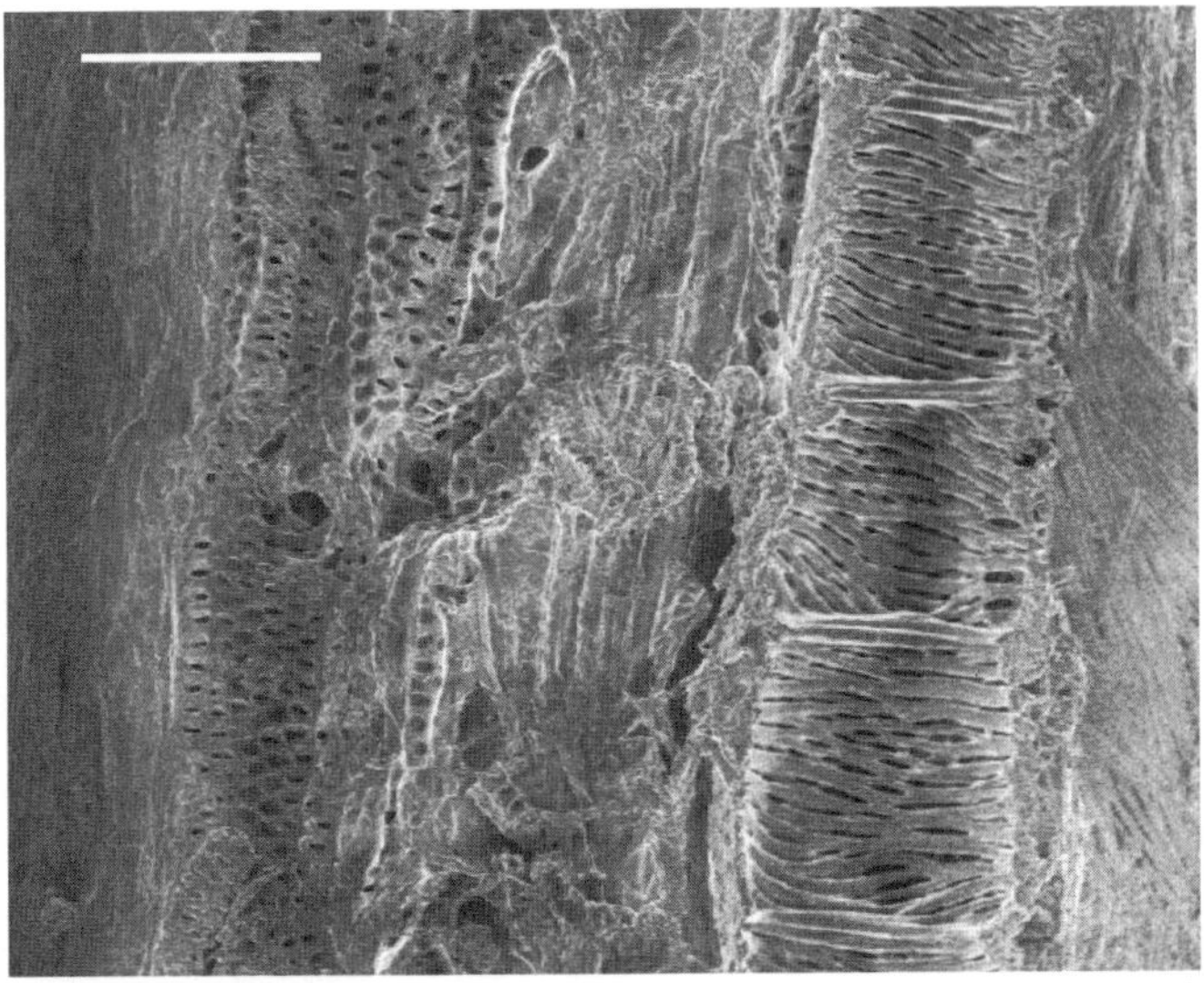

（スケールバーは 0.1㎜）

オシロイバナ根の道管

網目状やらせん状の二次壁はリグニンを含む。

の切り枝が教室に運び込まれ、葉巻の煙を片端から吹き込むと、しばらくしてから木部の管を通り抜けた煙が枝の反対側の切り口からモクモクと出てきたのです。1980年代、アメリカ中西部の大学で受けた植物解剖学のレイ・エバート先生の授業のひとコマです。今なら「教室で葉巻など、とんでもない」と言われそうです。

道管は分化するときに、一次細胞壁の内側にらせん状や環状の二次細胞壁を肥厚させ、そこにリグニンを沈着していきます。二次細胞壁が完成する頃には細胞は死んでしまい、固い細胞壁のみが残ります。このように目的をもって細胞が計画的に死ぬことを**アポトーシス**と呼びます。細胞質が分解されて細胞壁のみが残る道管や仮道管とは対照的に、篩部を構成する篩管細胞では核は消失しますが、特徴的な色素体などの細胞内小器官をもち続けます。篩管細胞は、傷つけられると迅速に篩板《しばん》をブロックするなど、積極的な防御反応を示します。篩管細胞の隣には細胞活動が活発な伴細胞があり、協力して光合成産物の糖などを含んだ養分の輸送を行なうのです。

植物が上陸して体を支えるためにつくり出したリグニンを含む固い材木を私たちは建材として利用してきました。

05 植物の「蒸散」が生む天然のクーラー

蒸散

葉や茎など植物の地上部から水分が水蒸気として大気中に放出される。その際、気化熱を奪われるため、冷涼効果がある。

緑のカーテンの効果

真夏に人工芝の上でサッカーをしている姿を見ると、気の毒になります。人工芝には天然芝のようなクーリング効果を期待できないからです。天然芝の上を素足で歩いた経験があれば、ひんやりとした感触をご存知でしょう。砂浜を素足で歩くときの熱さとは比べものになりません。

炎天下でアスファルトの駐車場が焼けるように熱くなっても、道端の雑草や生垣の葉の表面温度がそれほど上がることはありません。マンションやビルなどで、その効果を狙った〝緑のカーテン〟をよく見かけるようになりました。窓際でゴーヤやアサガオなどのつる性の植物を育てると、日差しを遮るだけでなく、茂った葉の間を吹き抜けてくる風が涼しく感じられます。

これは植物の「**蒸散**」による効果です。葉の表面から水分が蒸発するとき、気化熱のおかげで温度が下がります。水が気化する際に必要なエネルギーとして、熱が奪われるのです。蒸散は陸上植物の葉の表面を覆っているクチクラ層からも見られますが、やはりその大部分は葉の表面にたくさん存在する気孔を通して起こります。

植物の動きは膨圧運動で起きる

気孔は対になった「**孔辺《こうへん》細胞**」の間にできる孔ですが、閉じたり開いたりする様子はまるで人間の口のようです。環境シグナルを感知して開閉する気孔は、どのようなしくみで閉じたり開いたりするのでしょうか。

植物の動きの多くは「**膨圧運動**」です。これは、水分の移動によって細胞が膨らんだりしぼんだりすることによって起こる運動です。例えば、触れるとおじぎをするように動くオジギソウの葉は、葉の付け根の葉枕《ようちん》と言われる部分の細胞で水分が出たり入ったりすることで膨圧が変化して動くことがわかっています。

気孔の開閉は膨圧運動で起こる

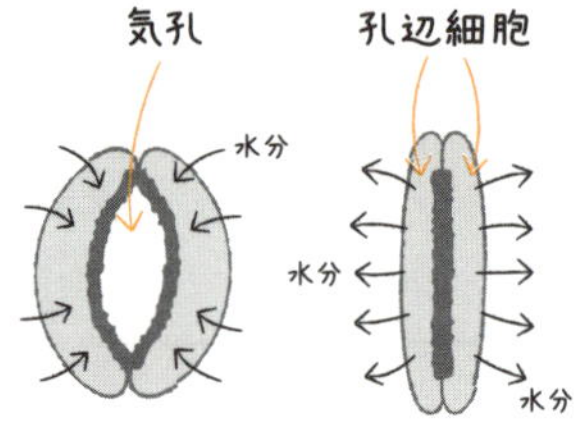

水分吸収で膨らむ（開く）　水分減少でしぼむ（閉じる）

インゲンマメやカタバミなどで見られる夜になると葉を閉じる就眠運動も、同様に膨圧の変化で説明できます。また、食虫植物のハエトリソウが獲物を捕らえるために、捕虫《ほちゅう》葉《よう》を閉じる運動も膨圧運動です。

気孔が開閉するしくみ

孔辺細胞も、膨圧変化によって膨らんだりしぼんだりします。孔辺細胞は細長いソーセージのような形をしていますが、どうして膨圧変化によって形が変わるのでしょうか。

次のようなモデルを考えてみましょう。細長い風船をある程度膨らませたところで長軸に沿ってテープを貼り、さらに膨らませるとどうなるでしょうか。湾曲が強くなりそうです。このとき、二つのソーセージ型の風船をテープ側を向き合わせて並べると、内側に開口部ができることになります。対になっている孔辺細胞の細胞同士が向き合う側は、厚い壁で膨らみにくくなっています。

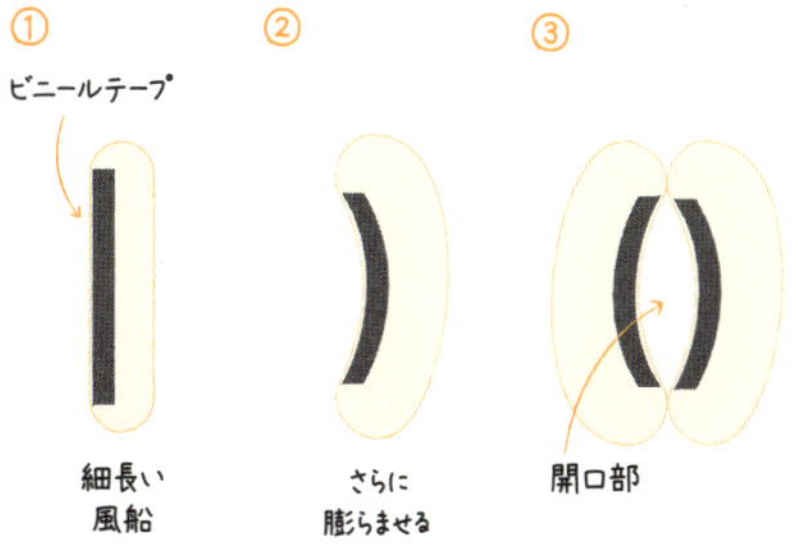

植物を育てているとき、水やりを忘れて水分が足りなく

なると、孔辺細胞もしぼんだ状態になります。このような状態のとき、気孔はピタリと閉じられています。逆に水分が豊富にあり、活発に光合成ができる状況では孔辺細胞は水を吸って膨らみます。膨らんだ孔辺細胞は孔側の壁が伸びにくいので、湾曲したソーセージのような形になって気孔が開くしくみになっています。

また、気孔の開閉に青色光が関与していることがわかっています。孔辺細胞に青色光が当たるとカリウムイオンが孔辺細胞内に蓄積して浸透圧が上がり、その結果、水を取り込んで膨らむと考えられています。

気孔のバリエーション

気孔は葉の裏側に多く存在します。葉の葉肉細胞の構造も、葉の裏側表皮に接して並ぶ海綿状組織細胞は、細胞間の隙間が多い構造になっています。ですから、気孔から入り込んだ空気の通り道として効率が良いはずです。

実際にさまざまな葉を観察してみると、気孔にはいろいろなバリエーションがあることがわかります。例えば、水面に浮かぶスイレンの葉は空気に触れる表側だけに気孔があります。

また、気孔は形や並び方もさまざまです。単子葉植物では葉脈と同じ方向に一列に整列

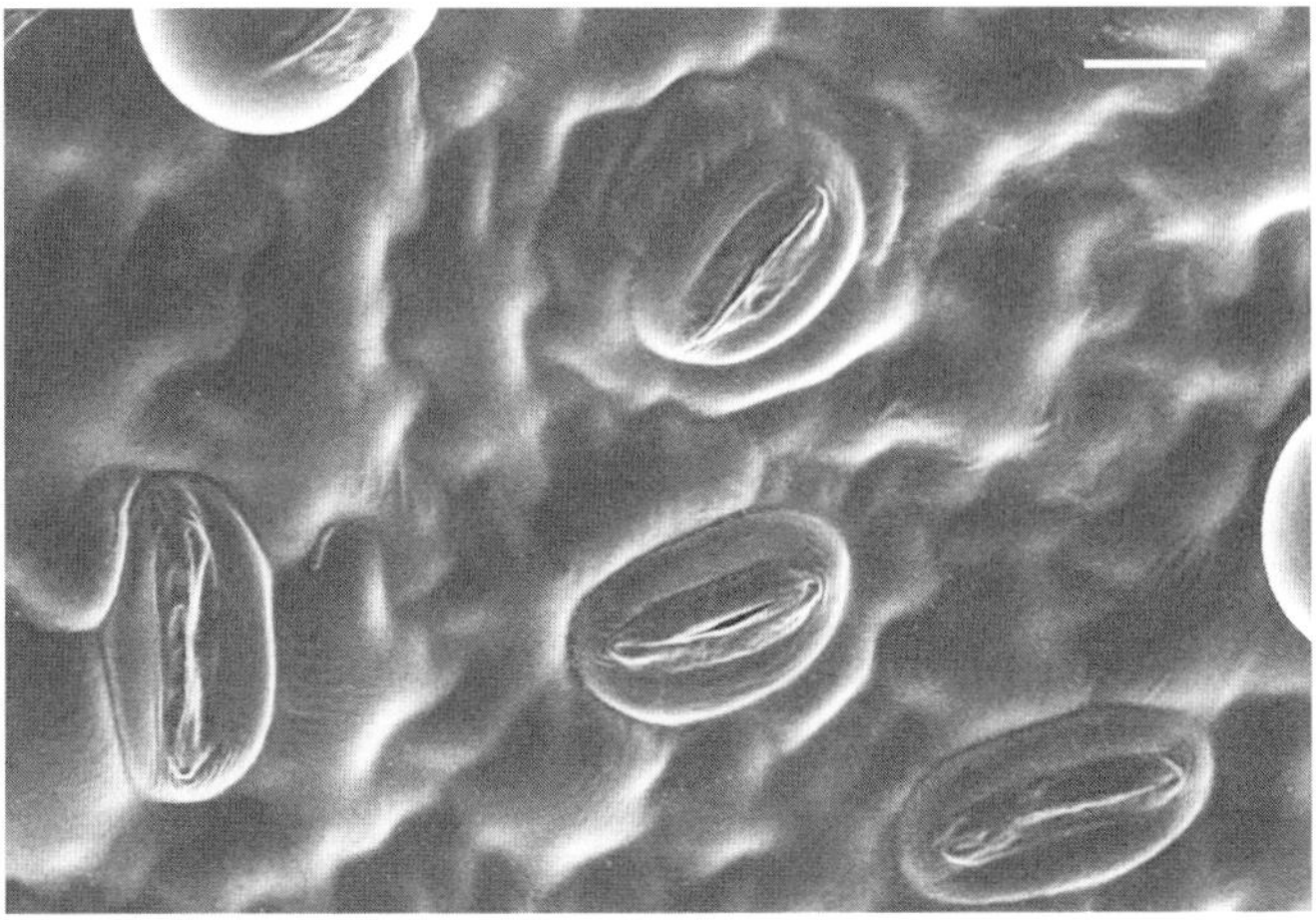

(スケールバーは 0.01㎜)

ミント葉の気孔

左の気孔はピタリと閉じている。真ん中の気孔はわずかに開口。

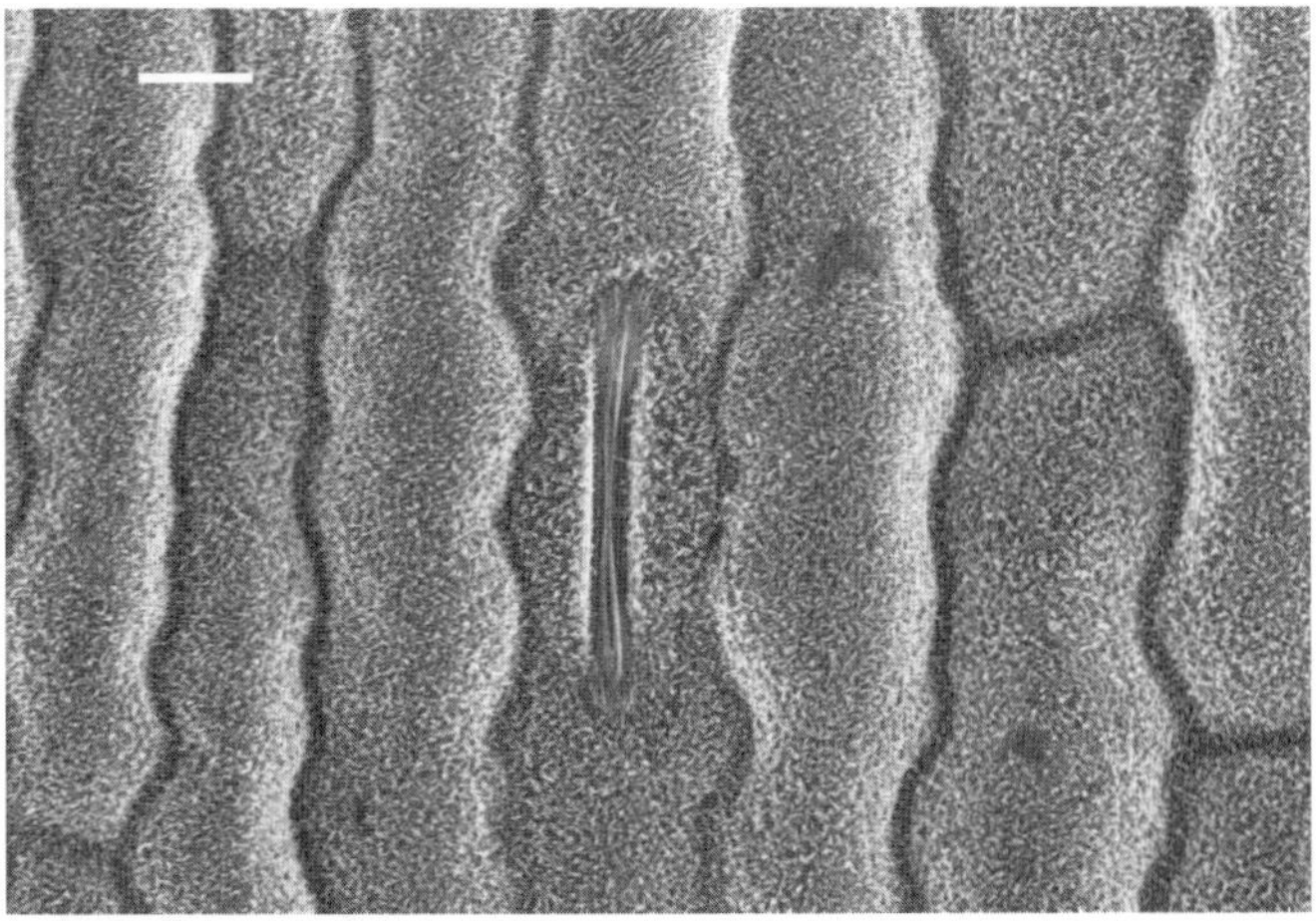

(スケールバーは 0.01㎜)

トウモロコシ葉の気孔

C4 植物であるトウモロコシは気孔が閉じていても効率よく二酸化炭素を利用できる。

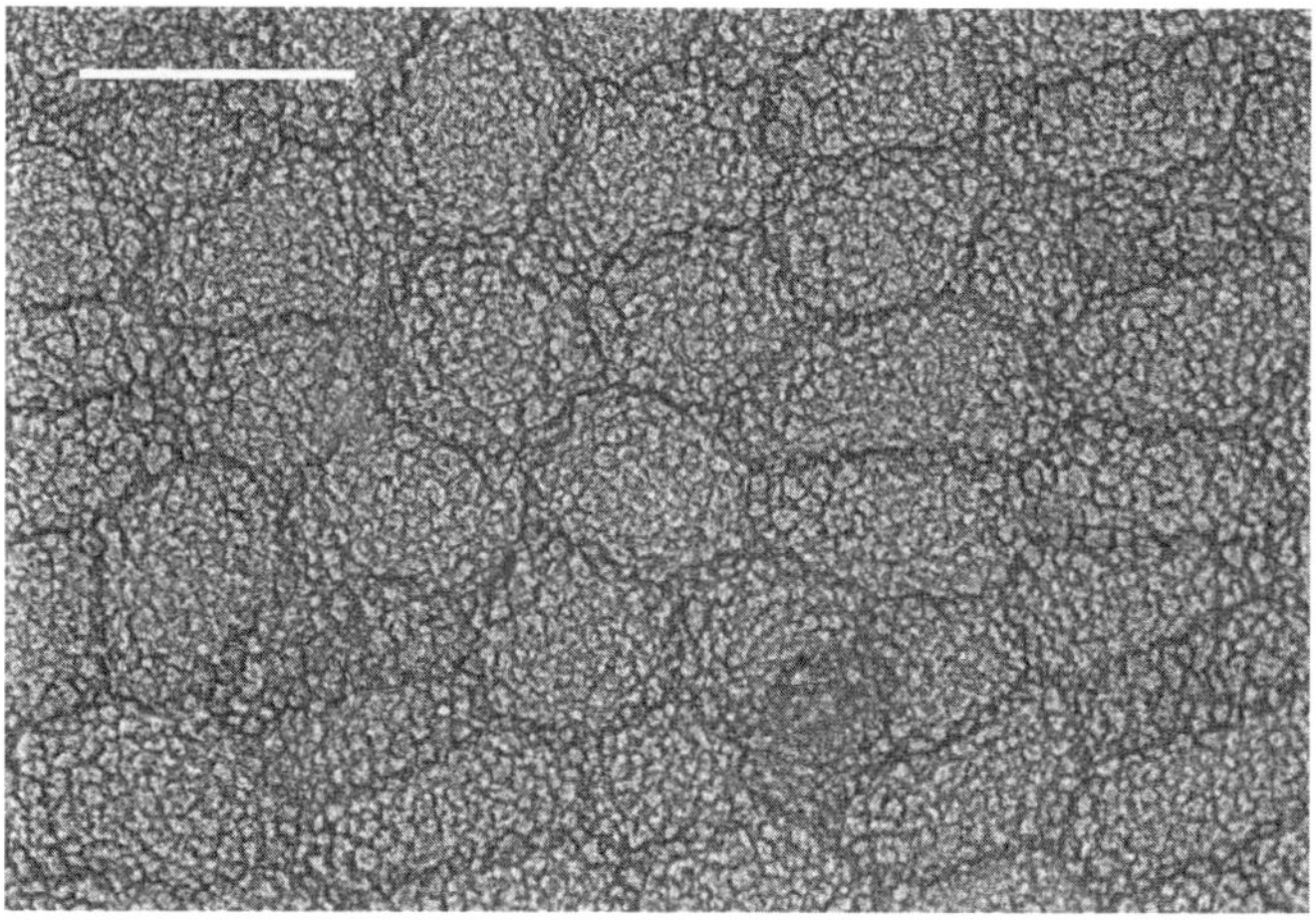

（スケールバーは 0.1㎜）

コモチベンケイソウの葉

乾燥環境に適応した多肉植物で、表面は厚いワックスで覆われている。気孔は見つかりますか？

している様子をよく見かけますが、双子葉植物ではバラバラの方向を向いています。それでも気孔の数と分布はきちんとコントロールされています。気孔は葉だけではなく、茎にも分布していますし、がく片や花弁にも見られます。

光合成を行なうためには、気孔を開いて二酸化炭素を取り込む必要がありますが、水分が減少すると気孔を閉じて蒸散を防がなければなりません。そこで、多くの植物にとって暑い夏は難しい状況になります。実際、一般的な光合成（C3型光合成）を行なう植物は、盛夏には気孔を閉じてしまい、成長しづらくなります。でも、さまざまな環境に適応してきた植物は、このような状況を打開するやり方を編み出してきました。

例えば、トウモロコシは二酸化炭素をより効率よく利用できる光合成（Ｃ４型光合成）を行なうため、真夏でもよく成長します。Ｃ４型光合成を行なう葉では、維管束のまわりの細胞に葉緑体が発達し、その他の葉肉細胞の葉緑体と役割分担をしています。

さらに水分が貴重な砂漠の植物には、独自の工夫が見られます。葉や茎が肉厚の多肉植物は、気温の低い夜間のみ気孔を開き、日中は気孔を閉じます。夜間に取り込んだ二酸化炭素からつくった化合物を液胞に貯め、日中にその化合物から二酸化炭素を取り出して光合成（ＣＡＭ型光合成）を行なうしくみを持っています。サボテンもＣＡＭ型光合成を行なう多肉植物ですが、葉はトゲに変形し、光合成は茎でのみ行なうものもあります。多肉化した茎で表面積を減らすことで蒸散を防いでいます。

地球のさまざまな環境に適応して生き延びる植物の知恵とたくましさには驚かされます。

PART 4

不可能を可能にする「植物」の工夫

01 宇宙で発芽したキュウリの「ペグ」からの教訓

ペグ

キュウリの種子が発芽するとき、種皮を引っ掛けるために重力方向に一つだけつくられる突起。不必要な反対側では形成を抑制するしくみがある。

光を求めて発芽する種子

植物は、まるで重力の方向を知っているように成長します。種子は地中で温度や水分などの条件が整うと発芽しますが、通常はまず根を下に伸ばして足場を固め、次に地上部となる茎や葉を上へ上へと伸ばしていきます。地面の中から重力と反対方向に伸びると、光（太陽）に行き着く確率が高いことがわかっているようです。

せっかく上に伸びたつもりでも、もし光が見つからないとどうなるでしょうか。真っ暗な状態にした実験室で発芽させると、茎はひたすら長く伸びます。十分な光の下では5㎝にも満たない子葉の下の茎（胚軸《はいじく》）が、暗黒下では20㎝以上も伸びることがあります。必死に光を求めて伸びていくのです。

光に当たる前は茎も葉も白色または黄白色のままで、緑色にはなりません。子葉も大きく展開することなく、コンパクトに折りたたまれたままです。しかし、ひとたび光にたどり着くと速やかに緑色になって葉緑体を完成させて子葉を大きく広げ、すぐに光合成を開始することができるよう、万全の準備を整えています。

種子には、光を探し当てるまで成長するのに必要な養分が蓄えられています。それを使い切る前に、なんとか光合成を開始して養分をつくり始める必要があるわけです。

つまり、私たちは植物が発芽時に備えて蓄えた養分を食糧としていることになります。また、十分な蓄えを持ち合わせていない小さな種子は、あらかじめ光がないところでは発芽しないしくみになっています。

固い種皮を脱ぎ去る「ペグ」という仕掛け

ウリ科植物の種子、例えばカボチャ、キュウリ、メロンなどの種子は固い種皮を持ち、平たい形をしているという特徴があります。これらの種子は、発芽して子葉が地上に出てくる前に種皮を脱ぎ捨てて、地中に留めておく仕掛けを持っています。これは**ペグ**と呼ばれる肉眼でも見ることのできる突起で、ウリ科の種子が地面に水平に着地すると、根と茎の境界部、重力方向（下側）に一つだけつくられます。

この突起に固い種皮を引っ掛けて地中に押さえつけ、胚軸（子葉と幼根の間の軸）をアーチ型に曲げ、子葉を種皮からするりと抜け出させます。これがうまくいかないと、子葉は種皮に挟まれたまま地上に出ることになり、速やかに展開して光合成を始めることが難しくなります。

発芽後、ペグは根と茎の境界部の細胞が伸長する方向を90度変換することにより形成されます。この部位の細胞は、ペグが形成されない重力と反対側では胚軸の方向に沿って縦に伸長するのですが、ペグが形成される重力側では、胚軸と直交する向きに細胞が伸長することによって突起となることがわかります。

細胞の伸長方向のコントロールには、細胞の表層微小管とセルロース繊維の向きが関与しています。ペグが形成されるときにも細胞の伸長方向が変わる際には、まず表層微小管の方向が変化することがわかっています。また、ペグ形成にはオーキシンと呼ばれる植物ホルモンによる情報が必要であることもわかりました。

どうすれば「重力が影響している」と証明できるのか？

ペグは、平たい種子のどちらの面を下にしても必ず重力方向下側に1個つくられ、重力と反対側の上側には決してつくられません。この形成位置は重力の影響で決まると考えら

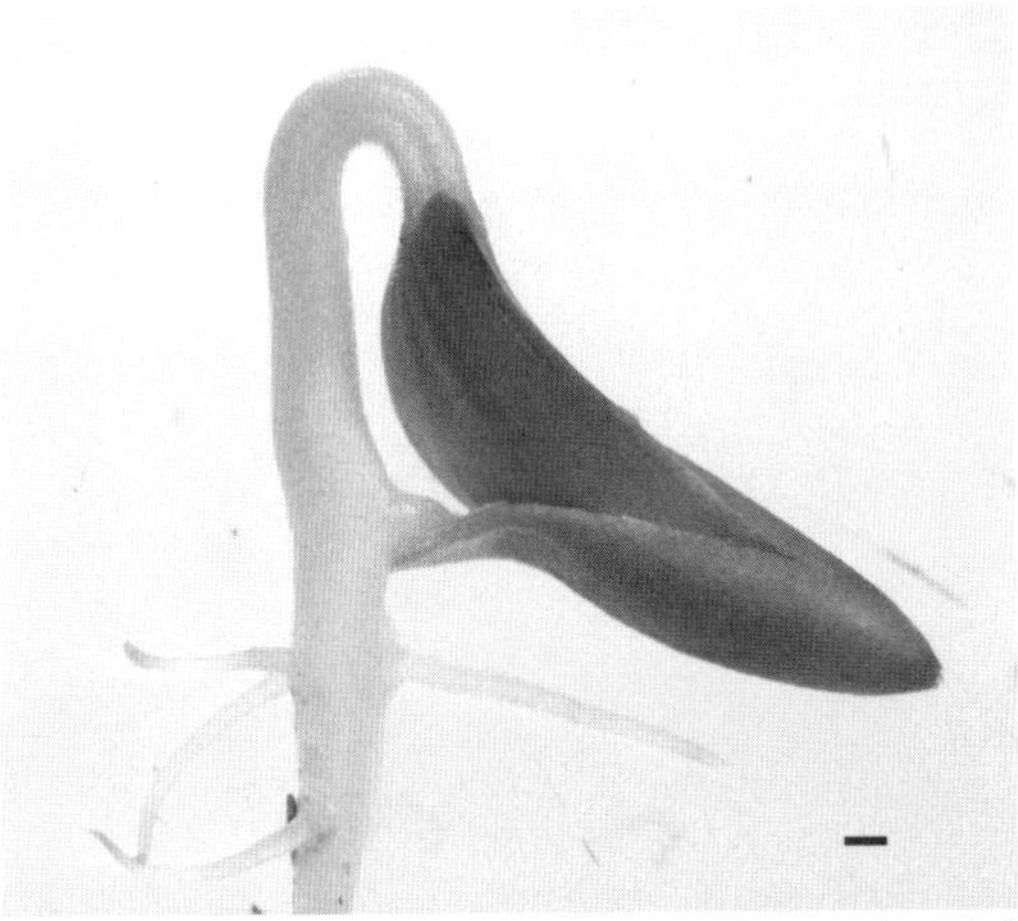

(スケールバーは 1㎜)

キュウリの種子発芽

ペグが種皮を引っかけているところ。

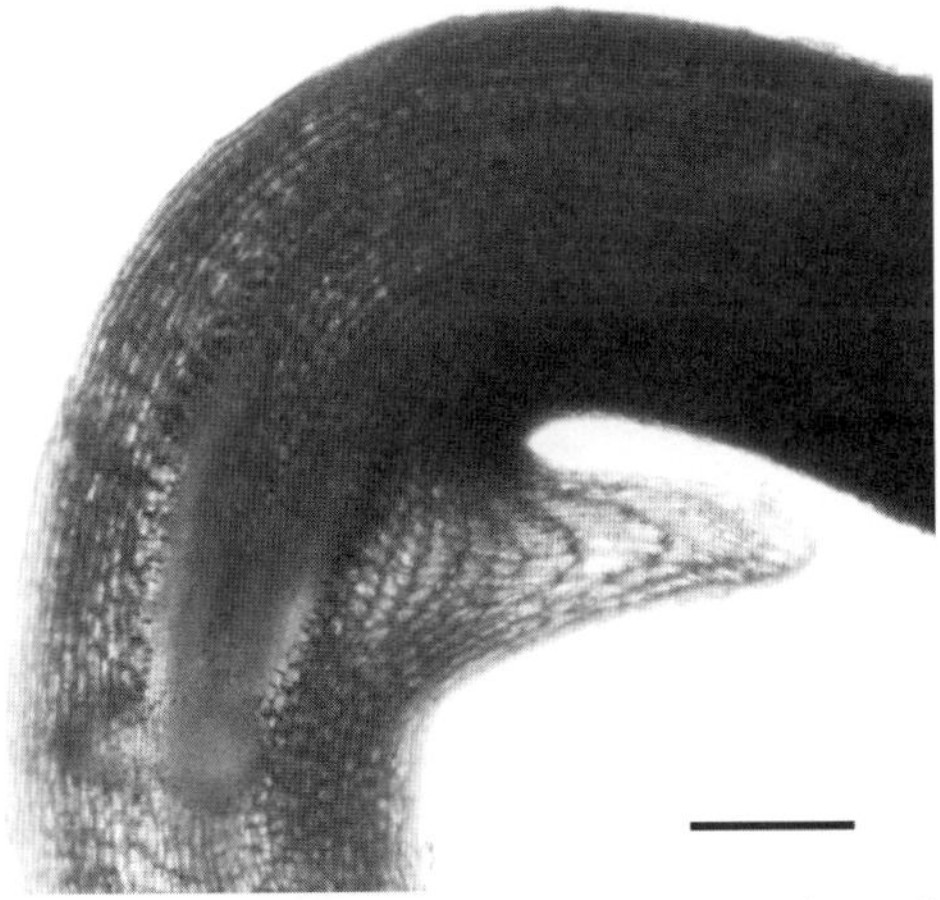

(スケールバーは 1㎜)

キュウリのペグ

ペグ形成部の縦断面。ペグは茎と根の境にできる。細胞の伸長方向が変わって突起ができている様子がわかる。

れ、「**重力形態形成**」とも呼ばれます。重力の刺激をどのように感知して、ペグの形成を導くのかを明らかにするための研究が進められました。

生物の実験を行なうとき、対照実験がとても重要です。「重力の影響を明らかにしたい」というときには、重力以外の条件は一定にしておき、重力刺激のみが異なる実験をするのです。これを「**対照実験**」と呼びます。

しかし、これが地球上では難しい。どこでも同じ重力刺激が存在する地球上では、クリノスタットと呼ばれる実験装置が用いられることがあります。これは直交する二つの軸を中心に回転し続ける装置で、この装置内で育てた植物は特定の方向からの重力刺激は受け続けないことになりますが、それでも「重力がない状態」とは言えません。

向井千秋さんの宇宙実験でできた驚くべきペグ

重力の影響がない環境ではペグの形成はどうなるのか、確かめたくなります。東北大学の高橋秀

地上と宇宙でのキュウリのペグ形成の違い

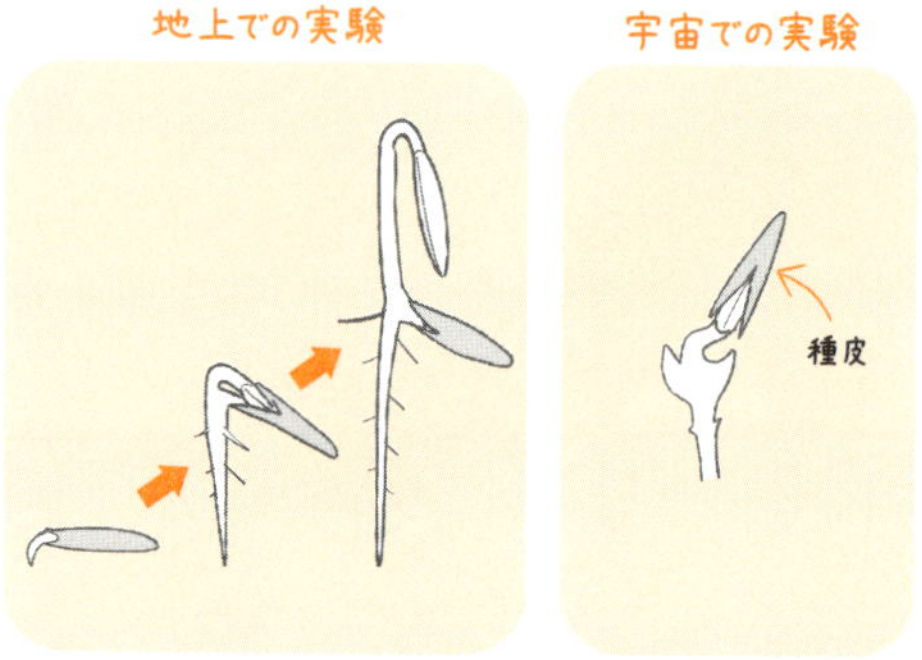

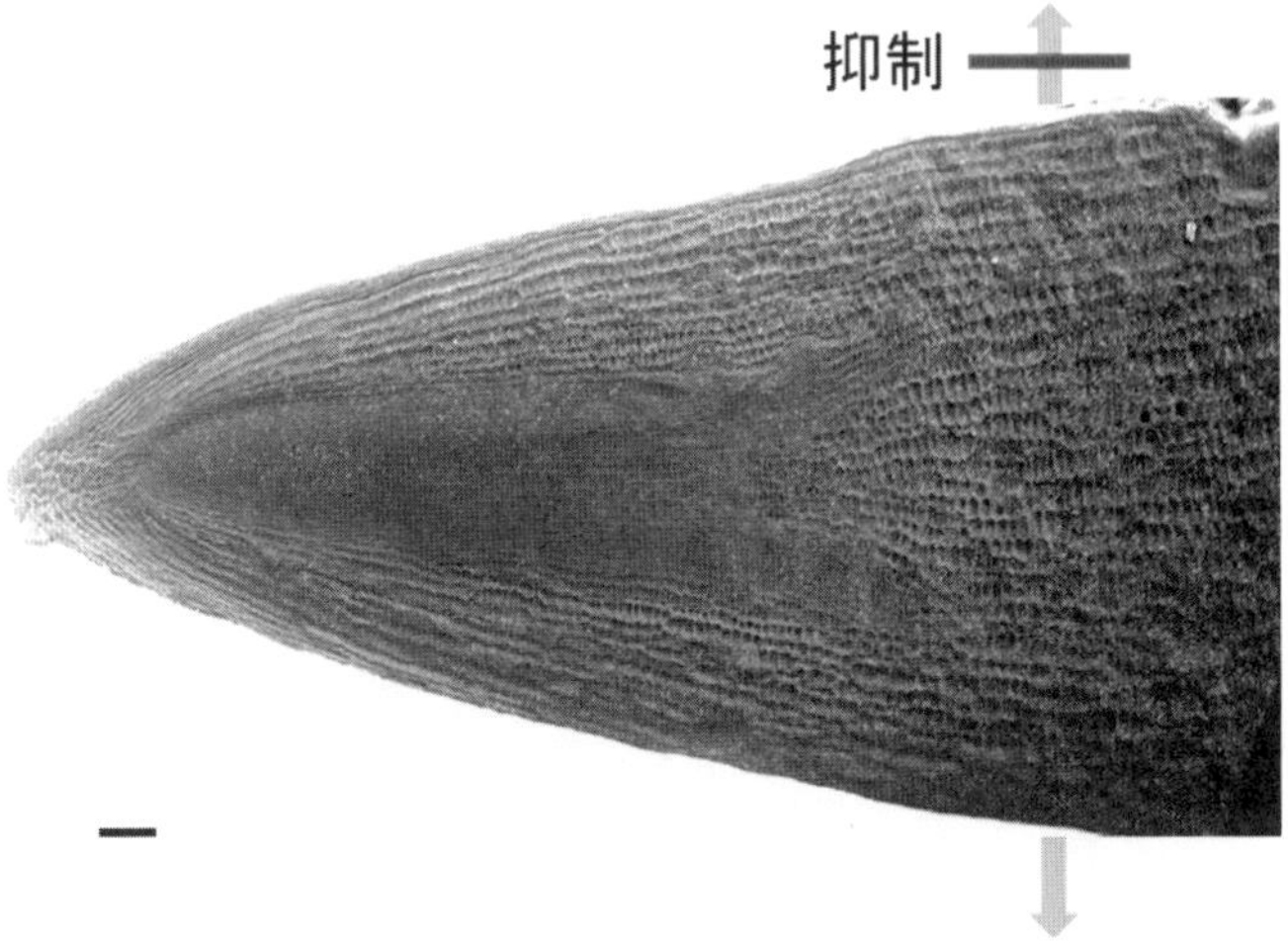

ペグ形成予定位置（クライオ SEM 反射電子像）

種子を水平に置くと、重力方向にはペグが発達するが、重力と反対方向ではペグ形成を抑制する。

幸教授が中心となり、宇宙実験が計画されました。実はスペースシャトルの中も完全な無重力状態ではありませんが、重力の影響は極めて微小です。1998年に打ち上げられたスペースシャトル内でキュウリの発芽実験が実現しました。このとき、スペースシャトルに搭乗した向井千秋さんが実験を担当してくれました。

さて、スペースシャトル内の微小重力下で発芽したキュウリがどうなったか……。それはほとんどの人が予想していなかった、驚くべき結果でした。すべての発芽個体で立派なペグが2個ずつ形成されていたのです。つまり、地上の重力刺激は重力方向へのペグの形成を促していたのではなく、重力と反対方向の上側でペグが形成されるのを抑制していたということが明らかになりました。これは研究の方向性を大きく変えるものでした。

人の思考回路は、気がつかない間に偏っている場合もあるのだという教訓でもありました。

02 植物のふしぎな「重力屈性」

重力屈性

根は重力の方向へ、茎は重力と反対方向に伸びる。重力方向を感知した細胞から、方向転換が可能な部位まで情報を伝達する。

重力センサーのはたらきとは

　台風一過、強風で倒れたコスモスが翌朝には茎の途中からちゃんと立ち上がっているのを見たことはありませんか。光の方向に曲がったのではないかと思うかもしれませんが、実験で植物の茎は真っ暗な状態でも重力と反対方向に曲がって成長していくことを確かめることができます。植物はどこでどのようにして、重力の方向を知ることができるのでしょうか。

　茎を横倒しにしても重力に反応して立ち上がることのできないシロイヌナズナの変異体を調べたところ、茎の維管束の外側にあるはずの細胞層がすっぽりと欠けていることがわかりました。シロイヌナズナは現代の**モデル植物**（植物に共通するしくみを調べるのに役立つ植物）です。

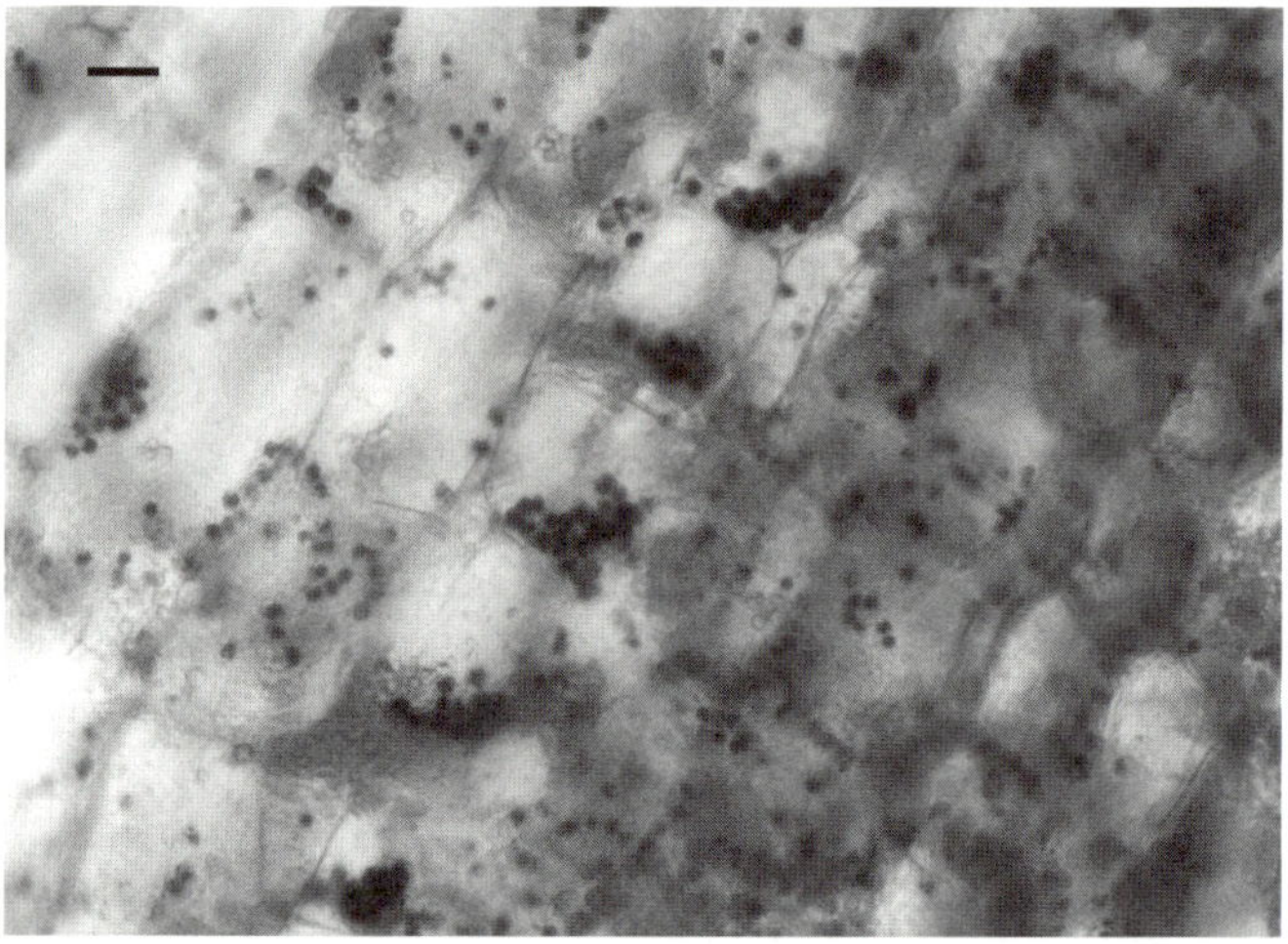

(スケールバーは 0.01㎜)

キュウリ胚軸の重力感知

維管束に隣接するデンプン鞘細胞のデンプン粒が重力方向に沈降している。ヨウ素液でデンプンを染色。

普通のシロイヌナズナは、この位置にある細胞に大きなデンプン粒を含んだ「**アミロプラスト**」と呼ばれる色素体（葉緑体の仲間）が含まれており、これは重力の方向に沈降しています。このアミロプラストが重力方向を感じて伝える〝平衡石〟の役割を果たしていると考えられています。このしくみはキュウリなど他の植物でも同じです。

根の場合はどうでしょうか。主根は重力の方向を感知して伸びていきます。根の先端部は根冠と呼ばれるキャップのような構造で保護されていますが、その根冠の中央部には、やはりデンプン粒を含んだアミロプ

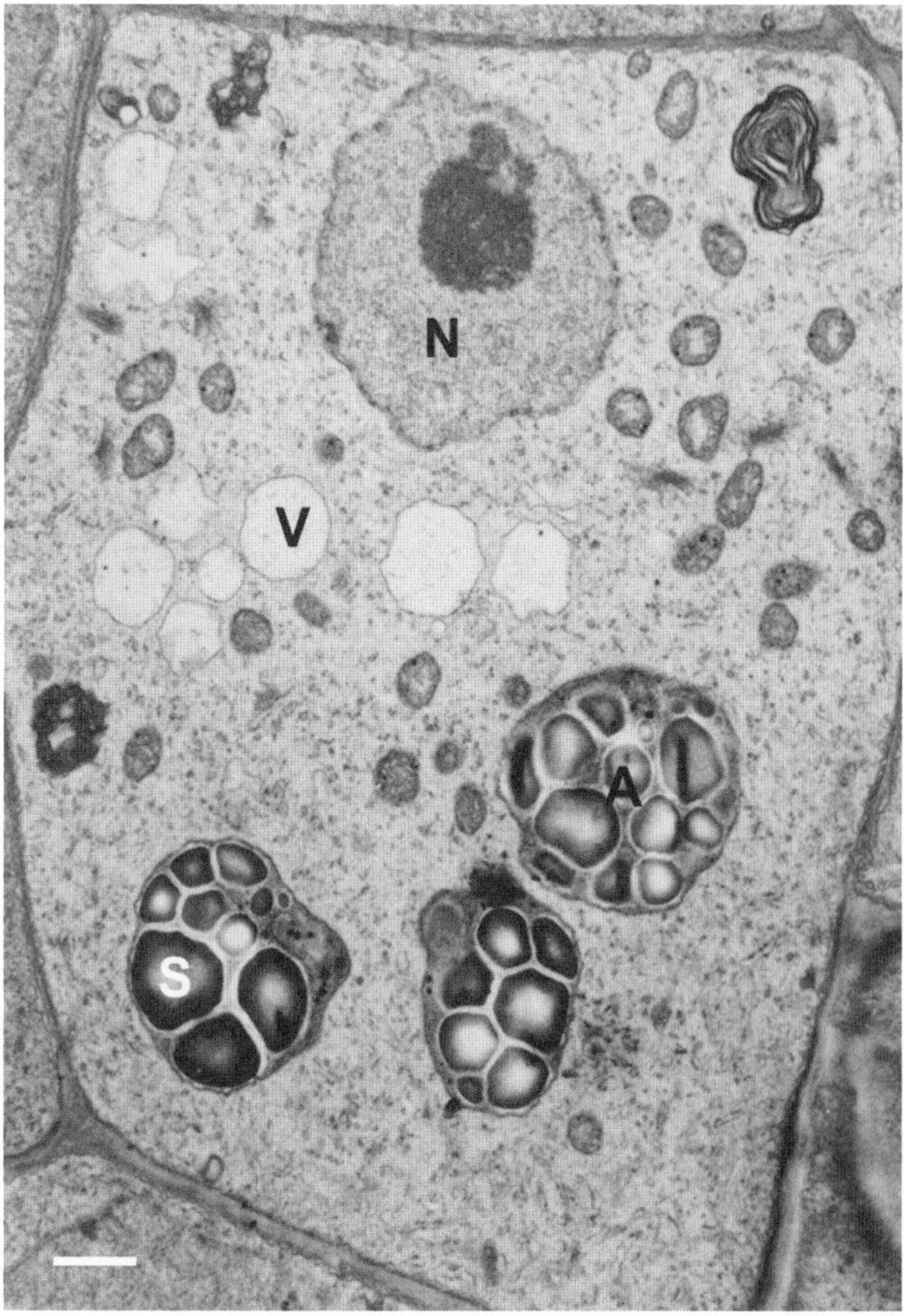

シロイヌナズナ根冠の平衡細胞　（スケールバーは 1μm）

デンプン粒を含んだアミロプラストが重力方向に移動する。N：核、V：液胞、A：アミロプラスト、S：デンプン粒。

ラストが含まれる細胞の集団があります。そして、この細胞のアミロプラストも重力の方向に沈むことが以前から知られていました（113ジペー写真参照）。

デンプンは植物細胞に含まれる物質の中では比重が大きくて沈殿しやすいものです。このことは、水に溶いたカタクリ粉（植物デンプン）が、すぐに沈んでしまうことでも実感できます。だからと言って、デンプン粒を含むアミロプラストがどの細胞でも重力方向に沈降しているわけではありません。アミロプラストが核のまわりを取り囲んでいるときもあるし、細胞全体に散らばっているときもあります。

重力を感じるために特殊化した細胞だけで、アミロプラストが〝重力センサー〟として重力の方向に沈降することができるしくみがあるのです。

「重力方向の情報」をどう伝えるか

「重力の方向」を根の先端にある根冠部でキャッチしたら、その情報を反応する部位（根が伸長方向を変えることができる部位）まで伝える必要があります。根では、根端分裂組織から少し離れた所に細胞が盛んに伸長する部位があり、そこで伸長する方向を変えることができます。この情報伝達には、「**オーキシン**」という植物ホルモンが関わっています。

オーキシンとは「成長」を意味し、植物の成長を促す成長ホルモンです。

茎が光に向かって屈曲する場合も同様です。そもそも、オーキシンは先端部で光の方向を感知したのち、屈曲する部位まで情報を伝達する物質として発見されたのです。この発見に貢献したオランダのウェント（1903〜1990）は当時若い学生で、兵役の合間に研究室に戻っては夜中に実験を行なったことを回想しています。

情報を伝達するために、オーキシンは組織の中を一定の方向に向かって移動する必要があります。方向性を持って移動することを**極性移動**と言います。オーキシンが極性移動するしくみも、20世紀の終わりにシロイヌナズナの変異体を用いた研究からわかってきました。根が重力方向に曲がっていくことのできない変異体は、細胞膜でオーキシンを運ぶはたらきをするタンパク質を欠いていることがわかったのです。

オーキシンを細胞内に取り込む輸送体と細胞から排出する輸送体が明らかになり、排出する輸送体が細胞の特定の面のみに局在することで、オーキシンはその方向にのみ流れていくというしくみだったのです。

●オーキシンの極性移動

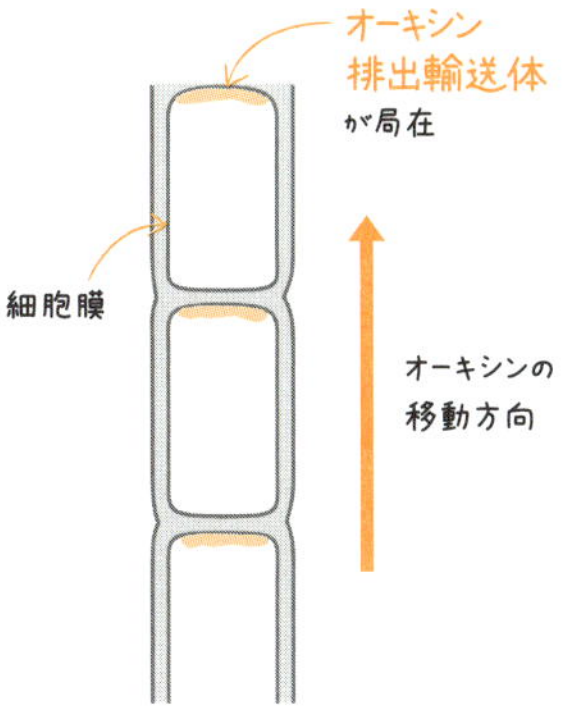

●成長の度合いが異なる「偏差成長」で折れ曲がる

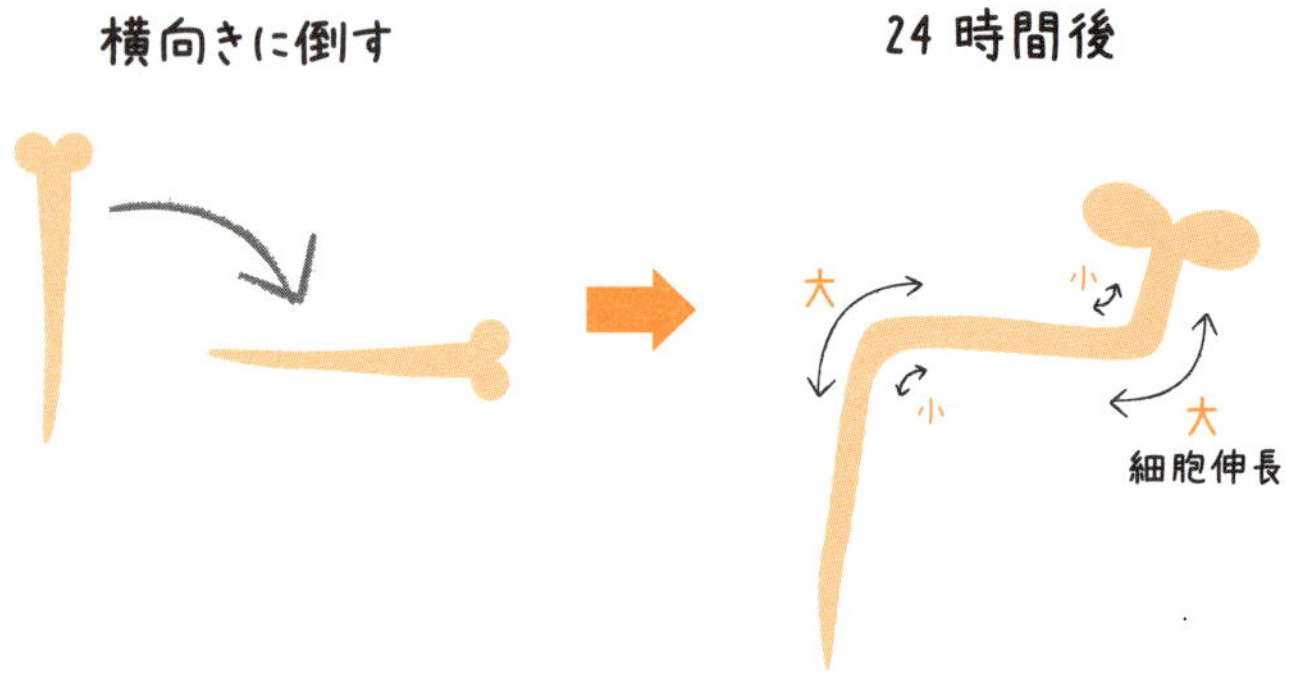

植物が屈曲するのは成長運動による

それではオーキシンによって情報が伝えられた後、どのようなしくみで茎や根は曲がることができるのでしょうか。

それは、茎や根の片側とその反対側で細胞の伸長する度合いが異なることによります。これを「**偏差成長**」と呼びます。曲がるストローを想像すると、わかりやすいかもしれません。片側は縮んだまま反対側をぐっと伸ばすと曲がりますよね。伸長することができる部位のどちら側の細胞をぐっと伸ばすかどうかを、オーキシンがコントロールしているのです。オーキシンは極微量で作用する植物ホルモンですが、茎の細胞の成長に最も適した濃度があり、適量が存在すると細胞の伸長を促します。

ところが、茎の細胞伸長に適した濃度のオーキシンは、根では細胞伸長を抑制するのです。根の細胞伸長に適したオーキシンの濃度は、茎の場合に比べてはるかに低い。そこで、根ではオーキシンが移動した部位の細胞伸長が抑えられることによって屈曲することになります。

植物は自らが置かれた環境条件を感知して、最も適切な形状に変化していきます。このような植物の性質を可塑性（plasticity）と言います。植物は環境に適応して、プラスチックのように自在に形を変えることができるとも言えます。

このような性質をもつ植物は、地球上のさまざまな環境に適応して繁栄し、ヒトも含めてさまざまな生命が棲むことのできる基盤をつくってきたのです。

03 年をとっても「無限成長」する植物

無限成長

植物はいつまでも成長し続けることができる。頂端分裂組織が縦方向の伸長成長を、周辺分裂組織が横方向の肥大成長を支える。

成長を止めない植物

ヒトを含め、動物は年をとると成長が止まります。では、木はどうでしょうか。たとえ年齢を重ねた木であっても、毎年少しずつ枝が伸びたり幹が太くなったりして、成長を続けていることがわかります。このような、植物の成長の仕方の特徴を「**無限成長**」と表現します。動物との違いを強調したものですが、いったいどのようなしくみなのでしょうか。

植物は成長してからも、根と茎の先端にそれぞれ、種子から芽生えたときと同じような分裂組織をずっと持ち続けます。根は先端へ行けば行くほど若い組織です。鉢植えの植物を植え替えるとき、根元が褐色に変色していても、先端のほうに白くて若々しい部分があるのはそのためです。根では、先端部にある根端分裂組織で細胞分裂を繰り返し、新しく生じた細胞が伸長し、さらに分化して根の組織がつくられ続けます。その結果、先端に近いほど若いということになります。

一方、地上部では、茎の先端にある茎頂《けいちょう》分裂組織で細胞分裂を繰り返し、葉と茎をつくり続けます。このように、植物は生きている限り細胞分裂と細胞伸長、細胞分化を継続して成長し続けることができるのです。成長期が終わると身体の成長が止まる動物とは大きく異なります。

根端の急所を守るキャップ「根冠」

植物にとってはとても大事な分裂組織ですが、実際に見たことがある人は多くはないでしょう。もしかすると、理科の時間に顕微鏡で観察した経験がある人はいるかもしれませんね。

しかし、土の中を潜っていく根の先端の分裂組織は、「**根冠**」と呼ばれるキャップのような構造で守られていて露出していません。根冠部の細胞は土の中を伸長するときにどんどん剥がれてしまうので、根端の分裂組織で常につくられ、補充されています。実は、この根冠部には重力方向を感じることのできるしくみを持った細胞も含まれています。

予備の分裂組織をいつも用意している

茎の先端の茎頂分裂組織はどの維管束植物にもありますが、何枚もの小さな若い葉に覆われていて露出していることはまずありません。解剖顕微鏡の下でピンセットやメスを使って若い葉を一枚一枚切り取っていくと、葉はどんどん小さくなり、最後にきらきらと輝く緑色の宝石のような茎頂分裂組織が現れます。直径0・1㎜程度のドーム型で、残念ながら肉眼では見ることのできない大きさです。

ここで細胞分裂が繰り返され、新しい葉と茎がつくられます。茎頂分裂組織でつくられる葉の始まりは、小さな丸い突起なのです。

野生の植物はさまざまな理由でこの大切な茎頂分裂組織を失うことがあります。動物に食べられることもあるし、踏みつけられて折れてしまうこともあるでしょう。そのようなときのために、植物はちゃんと予備の分裂組織を備えています。

どこにあるかというと、茎と葉の間の葉腋《ようえき》です。そこには腋芽《えきが》と呼ばれる分裂組織が備えられています。一枚一枚の葉の付け根にあるのですから、かなりの数になります。そして茎の先端の分裂組織に不測の事態が起きたときには、いつでも代わりを務められるようスタンバイしているのです。

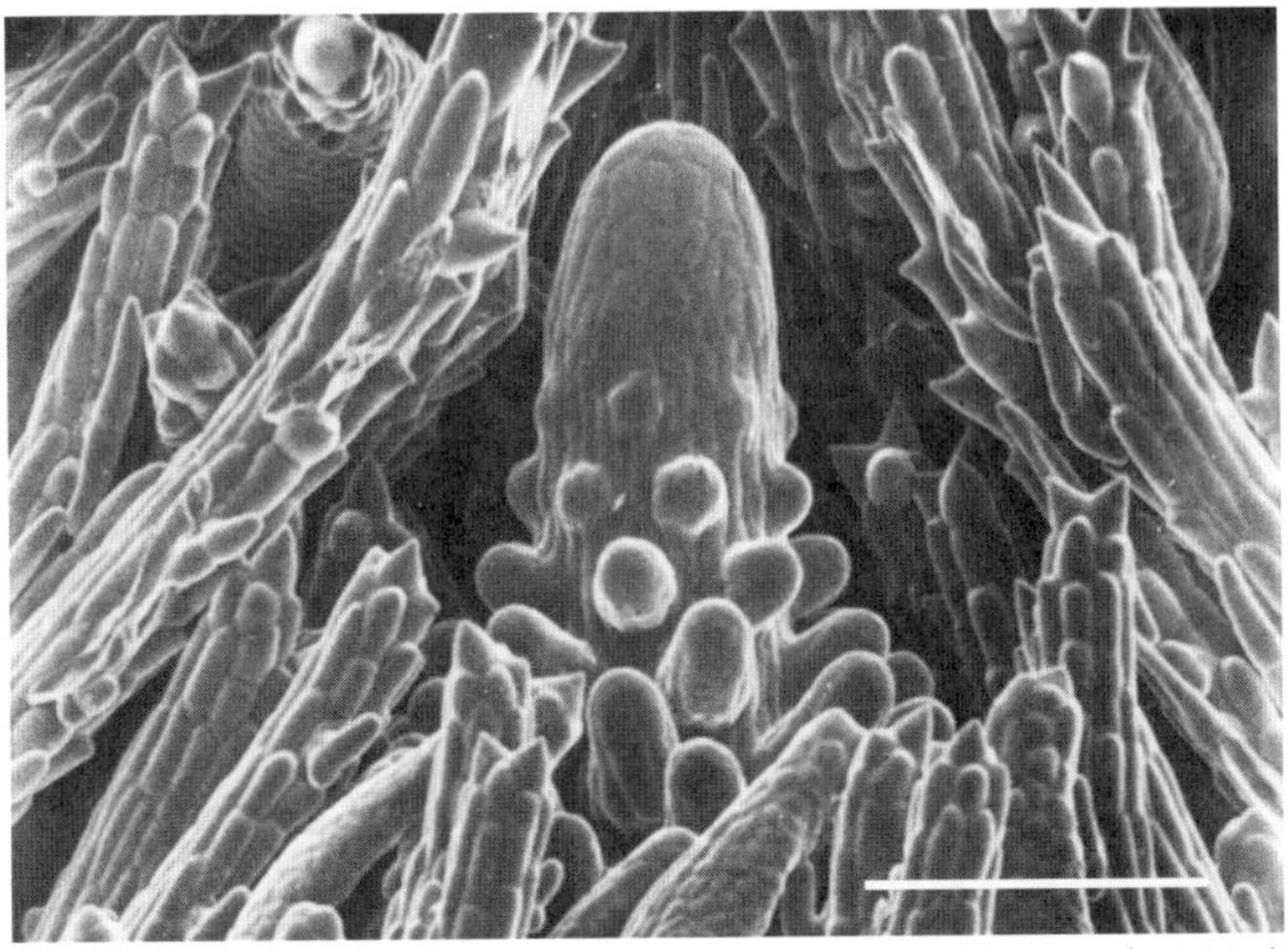

（スケールバーは 0.1㎜）

ムジナモの茎頂分裂組織

新しい葉は突起状に次々とつくられる。

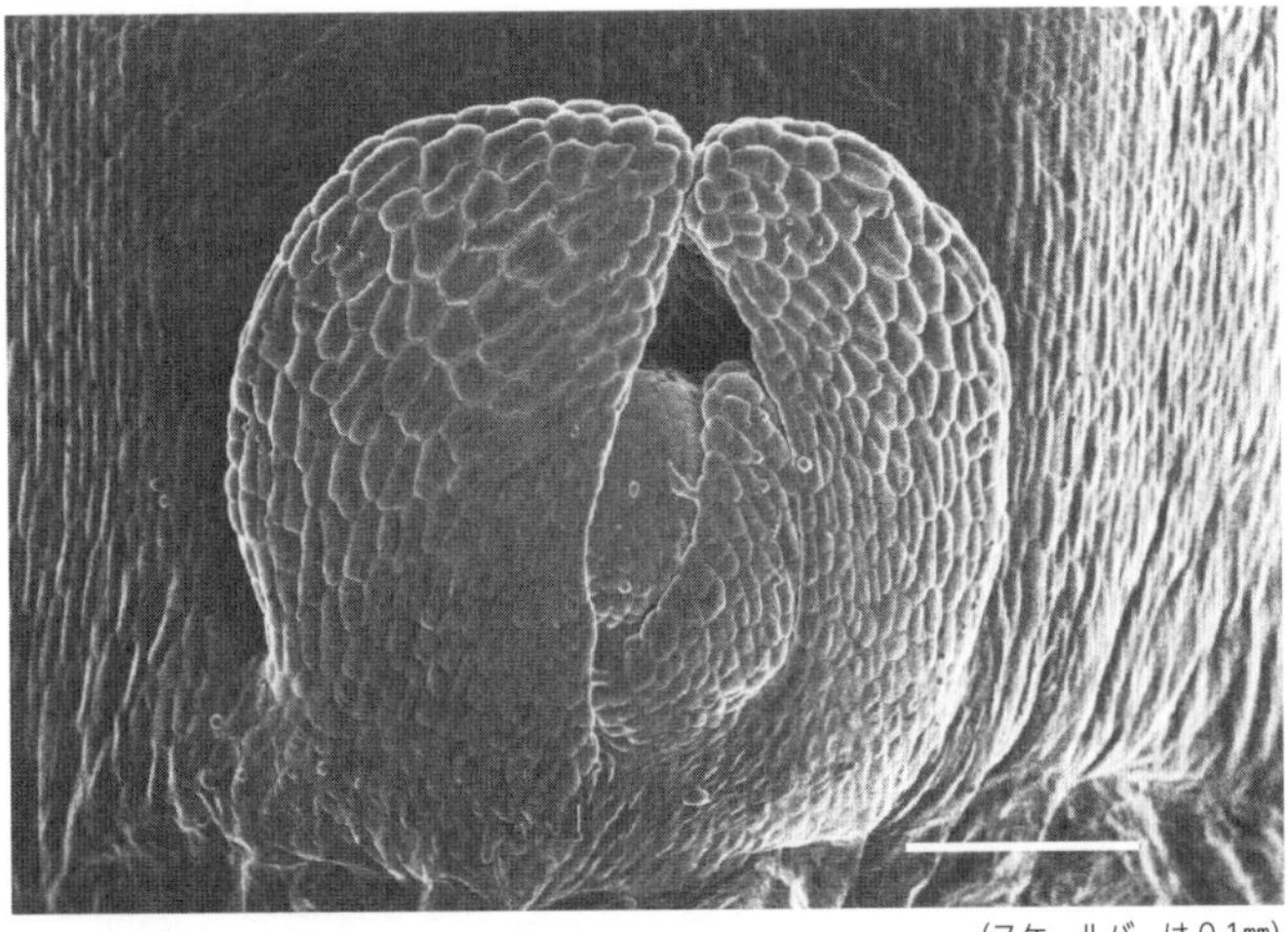

（スケールバーは 0.1㎜）

トウモロコシの腋芽

幼葉の間からドーム状の分裂組織がのぞく。

このように、植物の備えはかなり万全です。この腋芽は、例えばキャベツの葉を茎から一枚剥がしたときに、付け根の部分をよく見ると小さな突起構造として見つけることができます。虫眼鏡で拡大してみると小さな葉の形も見えるかもしれません。植物が花を咲かせる準備を始めるとき、腋芽は花芽へと分化していきます。

伸びてから太る

茎や根の先端部にある分裂組織がひたすら伸長する成長をサポートします。地上では太陽の光を確保するために、他の植物と競争して伸長します。また、地下では水分や養分を確保するために、こちらも伸び続けます。このように伸長する成長を**一次成長**と呼びます。でも、ただ伸び続けるだけでは、ひょろひょろになってしまい、そんな細長い体では自らを支えることが難しくなります。そこで次に、太るための分裂組織である側部分裂組織と呼ばれる組織が形成され、肥大成長を始めます。

この肥大する成長を**二次成長**と言います。水や無機養分を運ぶ道管や仮道管を含む木部と、有機養分を運ぶ篩管を含む篩部の間に形成層と呼ばれる分裂組織がつくられます。形成層はやがてリング状になり、細胞分裂を続けます。分裂した細胞はリングの内側では木部に分化し、リングの外側では篩部に分化します。

茎の肥大成長

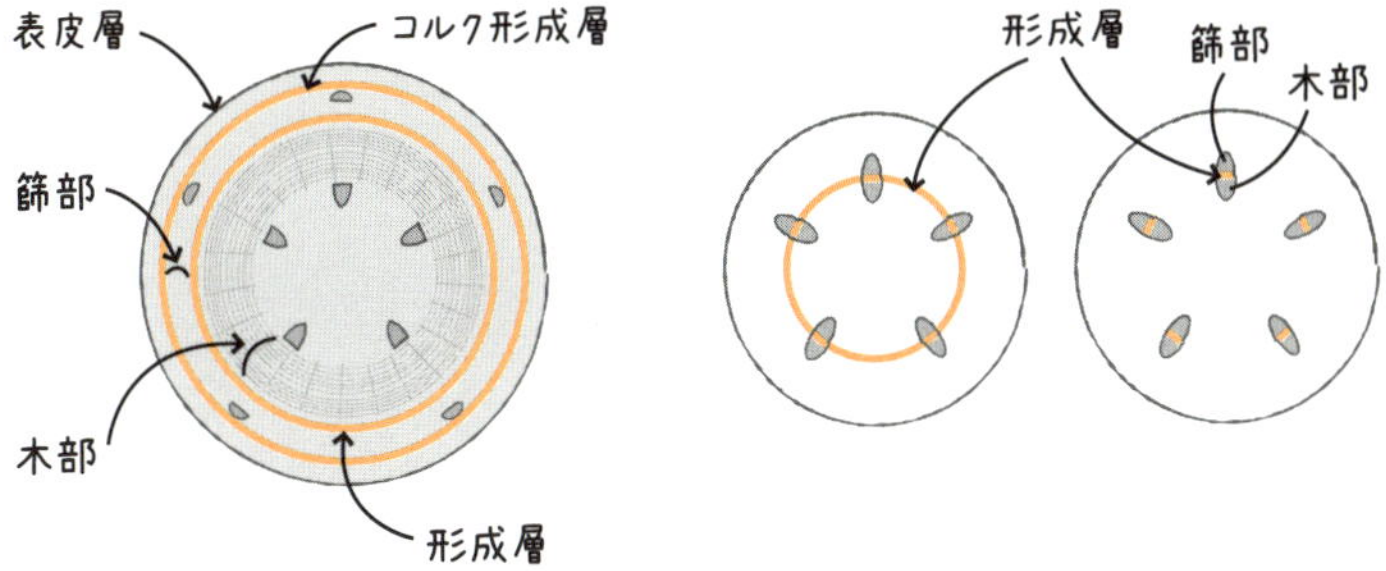

　このようにして木は毎年太り続けますが、新しくつくられる木部細胞の大きさが季節によって異なることから年輪が現れるというわけです。

　リング状の分裂組織には、もう一つの種類があります。樹皮の下にあるコルク形成層です。毎年太り続ける木の幹の表面を覆うために、コルク形成層と呼ばれる分裂組織で保護する層をつくり続けます。

木の幹は伸びない

　ところで、毎年太くなる樹木の幹の部分が、縦に伸びることはありません。例えば、子供の頃に木登りの足掛かりにした枝の高さは何年たっても同じ高さです。伸びることができるのは先端部で、枝の先端の分裂組織でつくられた新しい細胞が成長して長く伸び、伸長成長を終えて太る、ということを繰り返して大樹となっていきます。

学生に質問してみると、木の幹も伸びると思っている場合が意外に多いことがわかります。アニメ映画「となりのトトロ」の中に、木が成長して森ができる場面があります。とても印象的なシーンなのですが、木の成長の仕方としてはちょっと誤解を生む表現かもしれませんね。

何十年もかかって太った樹木の木部は木材として木製品になり、また紙の原料にもなり、さらに薪《まき》や木炭などエネルギー資源として活躍するなど、さまざまな用途に活用されています。もちろん、木材は光合成により二酸化炭素を取り込んでつくられた炭素化合物でできていますから、二酸化炭素の増加による地球温暖化抑制効果にも期待がかかります。

04 痩せた土地でも生き残る、マメ科植物の「根粒」パワー

根粒

バクテリアとマメ科植物が共生窒素固定を行なう構造。大気の８割を占める窒素を植物が利用できる化合物に変換する。

大気中の窒素から生命を支える窒素化合物へ

４～５月にかけて、埼玉大学のキャンパスは赤紫色の花を咲かせるカラスノエンドウで覆われます。シロツメクサもあちこちに群落をつくり、いつの間にか大繁殖しています。花冠をつくったり、四つ葉のクローバーを探したり、シロツメクサで遊んだ記憶のある人も多いことでしょう。雑草とは言え、肥料を与えていないのに、どうしてこれほど繁殖できるのか不思議に思いませんか。

実は、どちらもマメ科の植物で「**共生窒素固定**」という現象により、空気中の窒素を利用することができるのです。

カラスノエンドウは花期が終わると、種子を含んだ黒いさやをつけるのでマメの仲間だとわかりやすいと思います。シロツメクサは小さな花が集まり、花序をつくります。一つひとつの小さな

花が茶色くなる頃に、中に小さなさやができます。虫眼鏡で見ないとわかりにくいかもしれませんが、小さな筒状の花の中で発達するさやを見るとマメの仲間だと納得できます。

　また、土を掘ると、カラスノエンドウもシロツメクサも根のあちこちに細長い突起物が付着しています。ダイズやインゲンマメの根では球状のこぶのような形です。どちらも「根粒《こんりゅう》」と呼ばれる構造で、この中に空気中の窒素を固定してアンモニアに変えることのできる細菌が大量に棲んでいます。大気の8割近くを占めるとは言え、窒素を植物が吸収できる窒素肥料のもとになるアンモニアへ工業的に変えるためには膨大なエネルギーを必要とします。

　植物はどうして窒素を必要とするのでしょうか。窒素はアミノ酸の材料となり、そのアミノ酸が連なってタンパク質がつくられます。動物組織に比べ

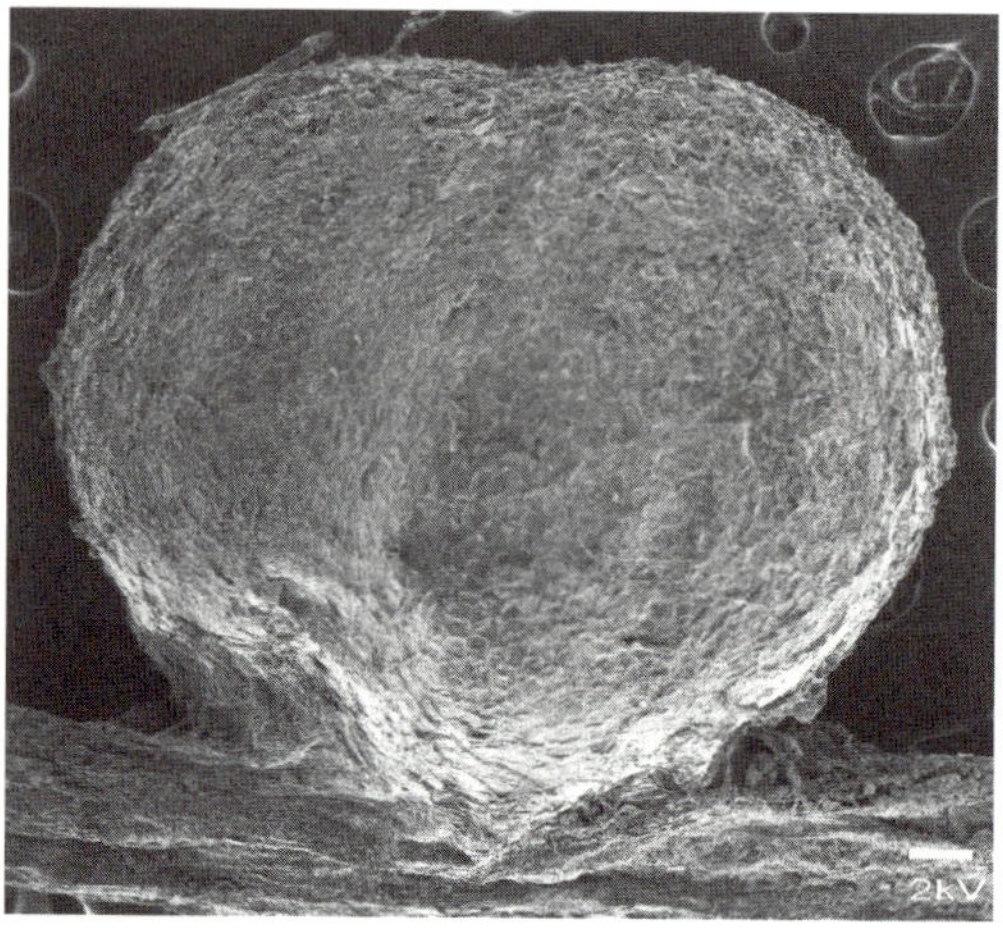

（スケールバーは 0.1㎜）

ダイズの根粒

ダイズやインゲンマメの根粒は球形に近く、エンドウやソラマメ、シロツメクサの根粒は細長い。

れば植物組織に含まれる割合は小さいのですが、遺伝子の情報をもとにつくられるタンパク質は、細胞にとってなくてはならない物質なのです。

細胞内の反応は、すべてタンパク質でできた酵素により行なわれます。植物に筋肉はありませんが、タンパク質からなるアクチン繊維がつくられ、細胞内構造の移動などに用いられます。植物細胞の分裂周期でさまざまな役割を担い、活躍する微小管もタンパク質ですし、細胞膜で物質輸送を司る輸送体もタンパク質です。一般に、土壌中に利用できる窒素源があるかどうかは、植物の生育を決める要因になるのです。

至れり尽くせりで成り立つ共生関係

マメ科植物の根粒は、どのようなしくみになっているのでしょうか。土壌中の根粒菌はマメ科植物の根毛を通って細胞内に侵入し、植物細胞の分裂を促してこぶ状の突起をつくらせ、その中の細胞に次々と感染します。このとき、植物は根粒菌に光合成産物である糖を栄養源として供給し、さらに根粒菌を包み込む膨大な量の共生体膜を次々とつくり、細胞内での居場所を提供します。

根粒菌は細胞内共生体ですが、植物由来の膜で隔離されています。ここで根粒菌が大気中の窒素をアンモニアに変えて、植物細胞に渡します。ぎっしりと根粒菌が詰まった感染細胞の隣には、根粒菌が感染していない細胞が位置し、根粒菌由来の窒素化合物を地上部へ輸送する物質に変換します。この根粒菌とマメ科植物の共生関係は、互いに利益があるので**相利共生**《そうりきょうせい》と呼ばれます。

掘り出した根粒を割ってみると、活発に窒素固定を行なっている根粒の断面は赤い血のような色をしています。実はこれはレグヘモグロビンと呼ばれる、血液中のヘモグロビンと同様の物質によるものです。「なぜ、こんなところにヘモグロビンが?」と思いますよね。根粒菌が窒素固定に用いるニトロゲナーゼという酵素は酸素にとても弱く、植物はそれを守るために、遊離酸素を捕獲するレグヘモグロビンをつくってあげているわけです。

1980年代に私が留学していたウィスコンシン大学では、生物窒素固定の研究が盛んに行なわれていました。そこで聞いた話ですが、生化学研究室でかつて単離精製したニトロゲナーゼの活性が確認できず、大変苦労したそうです。これも酸素に触れることにより、この酵素が壊れてしまうことが原因だったことがわかりました。

マメ科植物のパワー

マメ科植物は、他の植物が生育することのできない、痩せた土地にも侵出していくことができます。道端や河川敷などで成長しているニセアカシアの木も、草むらや、雑木林な

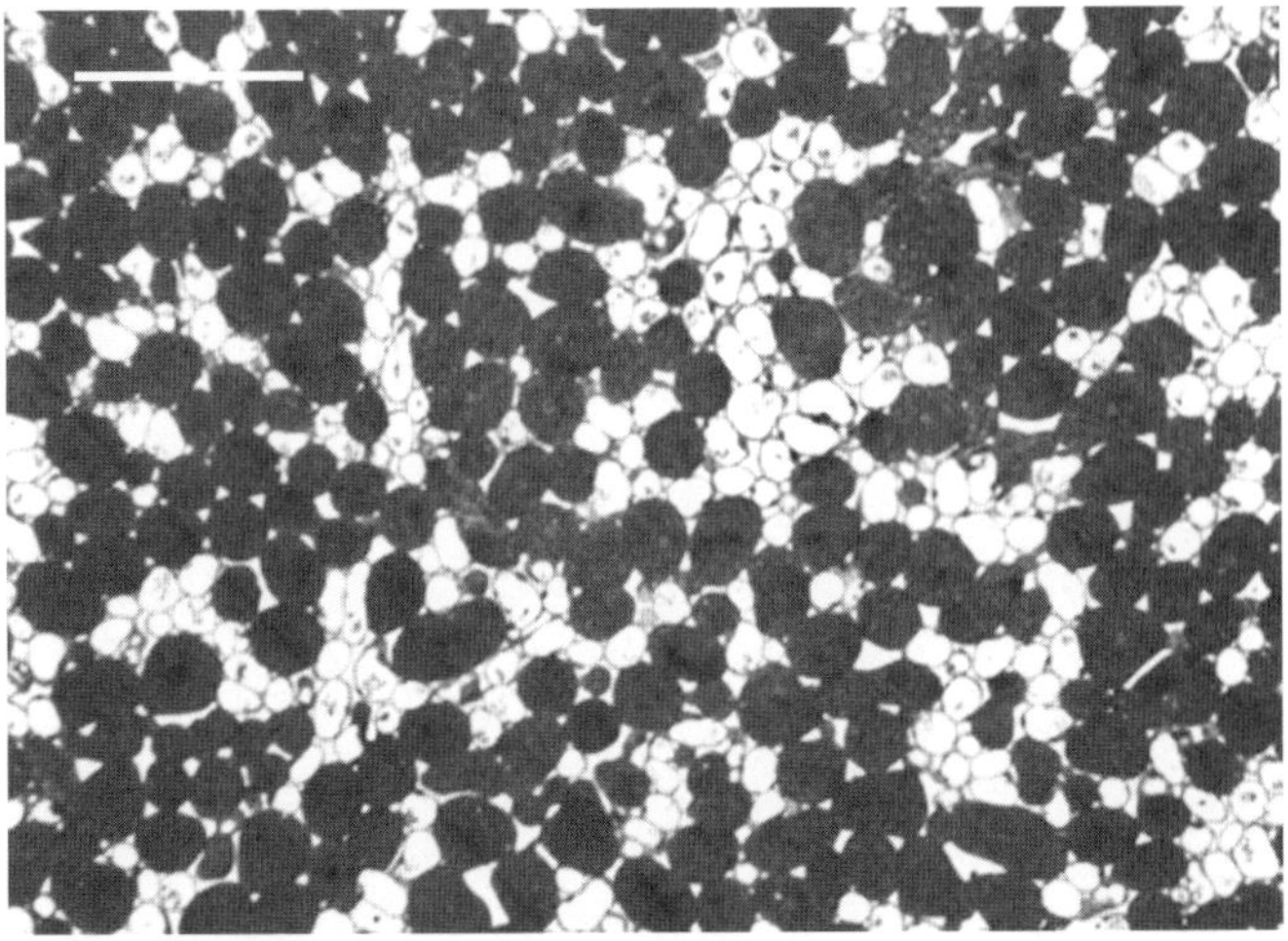

ダイズ根粒の感染域の細胞（光学顕微鏡像）　（スケールバーは 0.1㎜）

黒く見えるのは感染細胞で根粒菌が詰まっている。白く見えるのは非感染細胞で、液胞化した植物細胞。両者の細胞はどこかで接している。

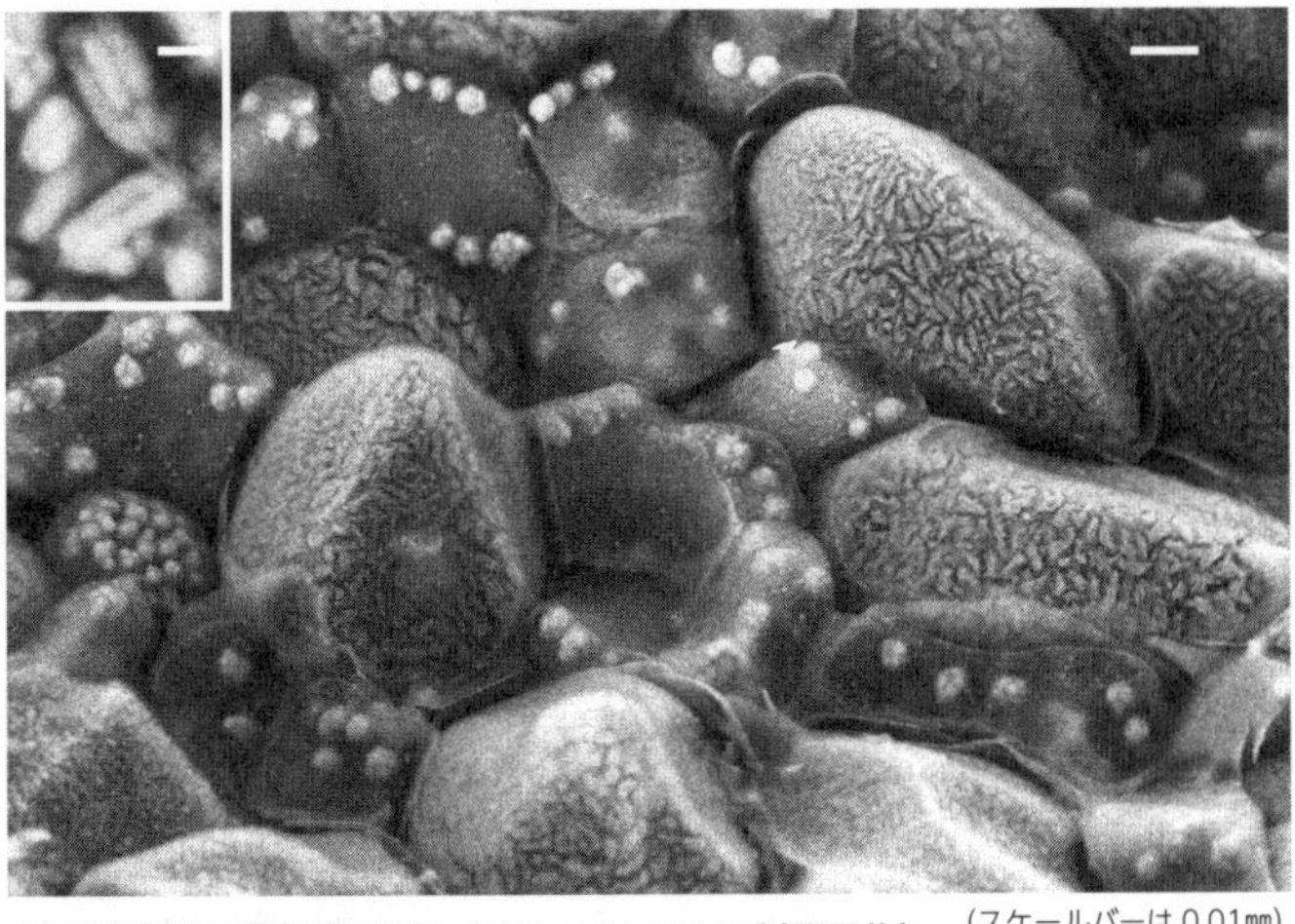

ダイズ根粒の感染域の細胞（クライオ SEM 反射電子像）　（スケールバーは 0.01㎜）

感染細胞には根粒菌を含む共生体が多数含まれる。非感染細胞には白いデンプン粒が目立つ。植物細胞は根粒菌に糖を供給するだけでなく、共生体膜やヘモグロビンをつくり、根粒菌が窒素固定するための環境を提供する。

白枠内は感染細胞内で共生体膜に包まれた根粒菌（スケールバーは 1㎛）。

どで大繁殖しているクズも、根粒をつくるマメ科植物です。クズは3枚の大きな小葉からなる複葉を持ち、秋には紫色の穂状の花序をつけます。

古来、クズの塊根に含まれるデンプンは葛粉として利用され、葛根は生薬として使われてきました。冬の間地下に栄養を蓄えているため、春先に芽を出した後の成長は早く、しかも、つる性なので他の植物をよじ登り日光を奪います。窒素固定を行なう根粒を備えたクズの成長力は驚異的で、駆除は容易ではありません。

共生窒素固定を行なうマメ科植物は、食糧源としても重要です。私たちが普段食べているダイズ、インゲンマメ、エンドウ、アズキ、ソラマメなどは、どれも根に根粒をつくり、大気中の窒素を利用できるマメ科植物の種子です。これらを栽培するときに、豊富な窒素肥料を与えてしまうと根粒の形成が抑制されることが知られています。開花結実期になると、根粒の有無で生育に差ができ、窒素肥料を与えずに根粒をつくらせたほうがずっと効率が良いようです。

マメ科植物の種子に含まれる栄養は穀類の栄養を補うことから、穀類とマメを組み合わせた料理は世界各地で見られます。例えば、メキシコ料理のトルテイリャ（トウモロコシ）とチリビーンズ（インゲンマメ）の組み合わせなど、最近あちこちで見かけるようになったエスニック料理店で体験できるでしょう。

05 食虫植物「ムジナモ」の生育に学ぶ

ムジナモ

モウセンゴケ科に属する水生の食虫植物で、絶滅が危惧されている。水面下に浮遊して、輪生葉の先端にある二枚貝様の捕虫葉で獲物を挟み込んで捕らえる。

ムジナモって?

ムジナモは水生の食虫植物です。6～8枚の淡い緑色の輪生葉が連なり、水面下に浮かびます。日本では1890年に牧野富太郎（1862～1957）が江戸川の河畔で発見し、ムジナモ（貉藻の意）と名づけました。

ムジナはタヌキの別名という説もあるようですが、私はアナグマを指していると思います。タヌキモと名づけられた別の水生食虫植物の形状が、タヌキの尻尾にどことなく似ているように、ムジナモの形状はアナグマの尻尾によく似ています。

ムジナモはかつては日本各地に点々と生息していましたが、戦後の環境変化で次々と消滅し、埼玉県羽生《はにゅう》市宝蔵寺沼が国

ムジナモの花

（スケールバーは 1㎜）

真夏に高温の日が続くと、まれに花が咲く。日中１時間くらいしか開花しない幻の花とも呼ばれる。めしべは膨らんだ子房と手のような柱頭から成る。

内最後の自生地となり、１９６６年には、国の天然記念物に指定されました。

まず生育環境の復元を

天然記念物の指定直後、台風によってムジナモが流出。以来、自生地とはいえムジナモが年間を通して生育できない状況が50年近く続きました。その間、地元の保存会によって栽培され、毎年、夏と秋に自生地に放流する活動が続けられました。また、羽生市教育委員会によって、かつて掘り上げ田であった宝蔵寺沼一

宝蔵寺沼ムジナモ自生地

ヨシ、ガマ、ヒシ、ウキクサ、タヌキモなどと共存しながらムジナモが生育している。

（スケールバーは 1㎜）

ムジナモ輪生葉

茎の一節から6～8枚の輪生葉が出ている。輪生葉の先端は二枚貝のような捕虫葉になっている。獲物が捕虫葉の内側に触れると一瞬で閉じる。

帯では、定期的な草刈りや掘割《ほりわり》の泥上げなどの管理も継続されてきました。

そして、２００９年度から文化庁の支援を受け、羽生市教育委員会によりムジナモの自生地復元を目指した緊急調査が実施されました。それが実を結んで宝蔵寺沼で越冬して増殖を続けるようになり、盛夏には開花する様子も見られるようになりました。

緊急調査期間の活動を通してわかったことは、ムジナモが生育するためには、多様な動植物がバランスよく生育ができる環境を維持することがなによりも大切である、ということでした。すべての生き物は複雑なネットワークでつながっています。生物間の相互作用はまだわかっていない部分もたくさんありますが、それでも少しずつ様子を見ながら環境を改善する活動は着実に前進しています。

２００９年の緊急調査開始時には、夥《おびただ》しい数のウシガエルのオタマジャクシのみが目立っていた宝蔵寺沼の掘割に、今ではさまざまな水生植物が繁茂し、ムジナモが群生する箇所も増えてきました。ムジナモの繁茂を継続させるための試行錯誤はまだまだ続いていますが、希少なムジナモが生育する様子は、私たちにとても大事なことを伝えてくれていると思います。

生物が生きられるきれいな水とは

「生き物が生活できる水環境ってどんなところ?」と小学生に尋ねると、「きれいな水」という答えが返ってくることがよくあります。ムジナモが生育するためにも豊富な湧水があり、貧栄養で「きれいな水」が必要である、という話もよく聞きます。ここで「生き物が生活できる、きれいな水」とは何なのか、それを考えてみたいと思います。

本来、生物が生きていくためにはエネルギー源が必須で、その元をたどれば太陽光です。水の中に太陽の光エネルギーを他の生物が使える形に変換する光合成を行なう植物プランクトンがいて、それを食べるミジンコなどの動物プランクトンや小魚がいて……、ということになります。生き物が生きるためには、少なくとも水の中に植物プランクトンが利用できる形の窒素化合物やリン酸が必要です。また、ムジナモが貧栄養でないと生育できないかというと、そのようなことはなく、十分な栄養を加えた培地で培養して増やすことも可能です。

多様な生物が生きることのできる水環境は、適度な栄養分を含んでいることが必要になります。けれども、栄養分が多すぎて生物のバランスが崩れると、バタバタとドミノ倒しのように状況が悪化し、結局は生物が生きられない環境になります。何事もバランスが大事なのだとつくづく感じます。

ムジナモの捕虫葉のしくみ

ムジナモの捕虫葉は、茎に連なる輪生葉の先端にあり、二枚貝のような形をしています。捕虫葉の内側には形状の異なる3種類の腺毛があります。長い毛のような感覚毛に触れると、刺激が電気的に運動細胞に伝わり、目にも止まらぬ速さで捕虫葉が閉じます。この動きは植物の運動の中では最速と言われています。その動きのパワーの源は、他の植物と同様に、細胞に水が出入りすることによる膨圧運動であることがわかっています。

ミジンコなど水中の小動物を素早い動きで捕獲すると、捕虫葉中央域に分布する消化腺毛から種々の消化酵素を分泌して獲物を分解します。このとき捕虫葉の縁はピッタリと密着して、閉じた捕虫葉間から消化酵素が水中に漏れ出さないようなしくみになっています。密閉するために、捕虫葉辺縁域にあるエックス型の吸収毛がはたらいているのではないかと推測していますが、詳細はまだ解明されていません。

獲物を消化している最中のムジナモ捕虫葉はまるで動物の胃のようです。消化された養分は捕虫葉から吸収されます。この経路もいくつか可能性があり、まだはっきりわかっていません。獲物を捕獲してから2～3日後、養分の吸収が終わると二枚貝のような捕虫葉はまた開き、次の獲物を待ちます。

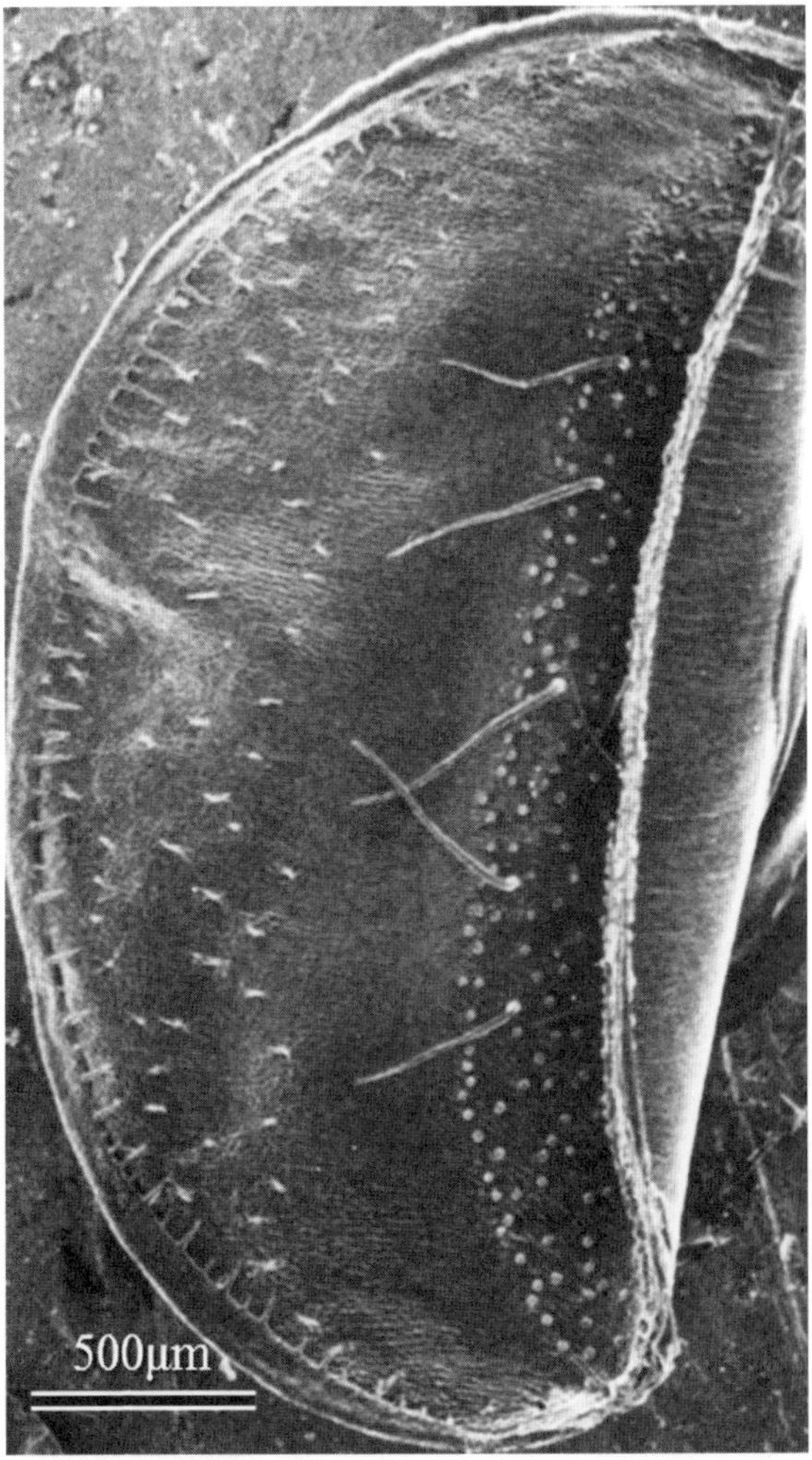

（スケールバーは 0.5㎜）

ムジナモ捕虫葉

３種類の腺毛がある。針のように見えるのが感覚毛。

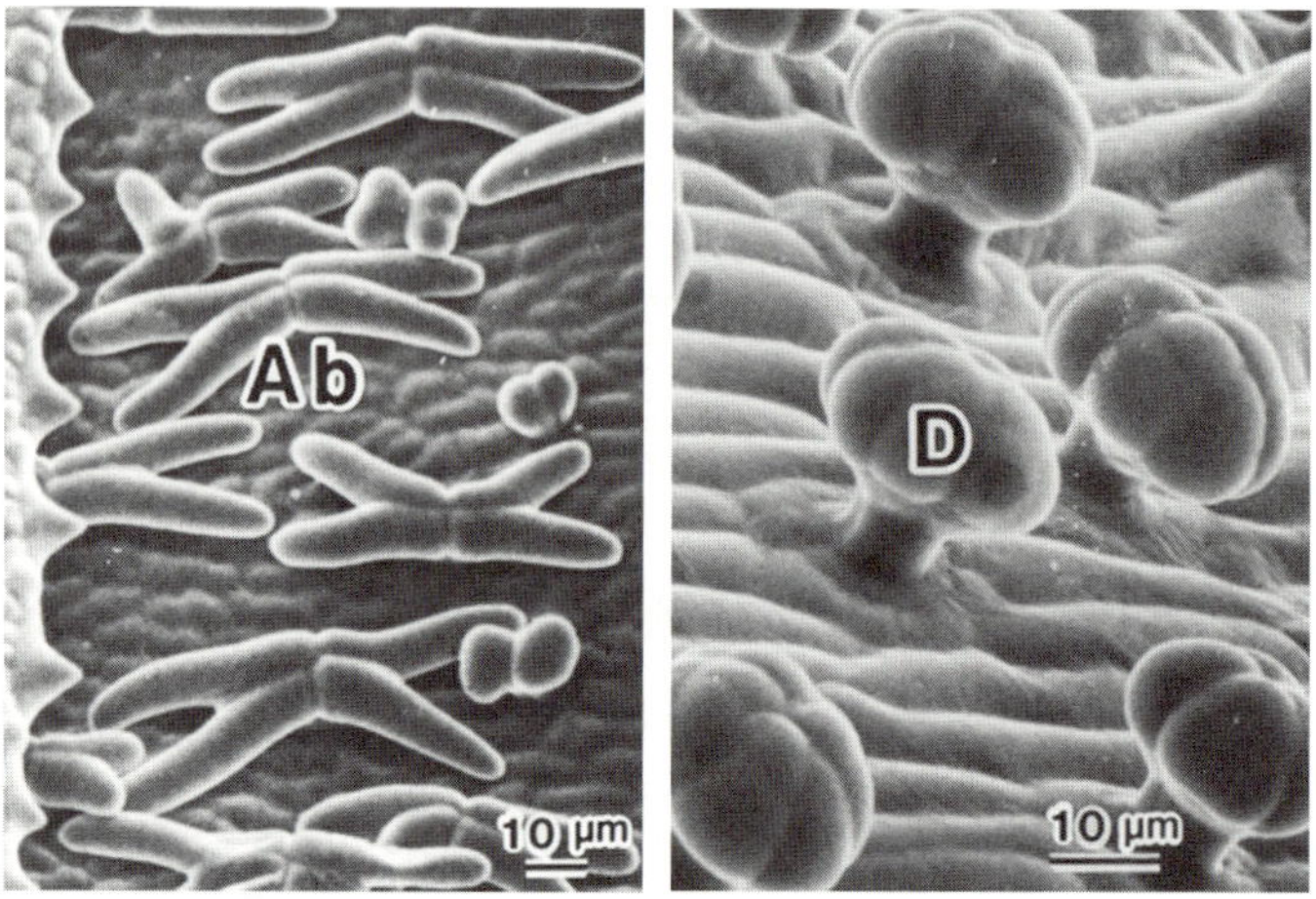

ムジナモ捕虫葉の腺毛

（スケールバーは 0.01㎜）

左は捕虫葉の縁に並ぶ吸収毛、右は捕虫葉の中央付近に分布する消化腺毛で、獲物を捕まえると消化酵素を分泌する。Ab：吸収毛、D：消化腺毛。

食虫植物の成り立ち

虫を捕まえて食べてしまう食虫植物は、植物としてはかなり特異な生き方をしているように感じますが、被子植物のさまざまなグループで食虫植物の進化が見られます。獲物の捕まえ方も消化の仕方もいろいろです。窒素源の少ない貧栄養の地域で生育することが多いようです。また、自ら光合成を行なう能力を備えているので、適度な養分さえあれば、獲物を捕食しなくても生育できます。

ちなみに、ムジナモと最も近縁の食虫植物は園芸店などでもよく見かけるハエトリソウです。やはり二枚貝のような形の捕虫葉を持ち、感覚毛を刺激するとゆっくりと閉じる様子を見たことがある方も多いのではないでしょうか。陸生であるハエトリソウは南北アメリカ大陸のみで見られ、逆に水生のムジナモはそれ以外の地域にしか分布していません。同じようなしくみの食虫植物がどのように陸上と水中に分かれていったのか、気になりますね。

食虫植物が獲物の捕獲や消化酵素の分泌、養分の吸収に用いるしくみは、個別にみると多くの植物が備えている能力です。もともと持ち合わせているパーツをうまく組み合わせて、捕獲から養分の吸収まで無駄のないしくみをつくり上げていると言えます。

まだ謎の多い食虫植物ですが、食虫植物の研究から、まだ知られていない植物細胞の普遍的なしくみが見えてくるのではないかと期待しています。

PART 5
意外に知らない「生物」のふしぎ

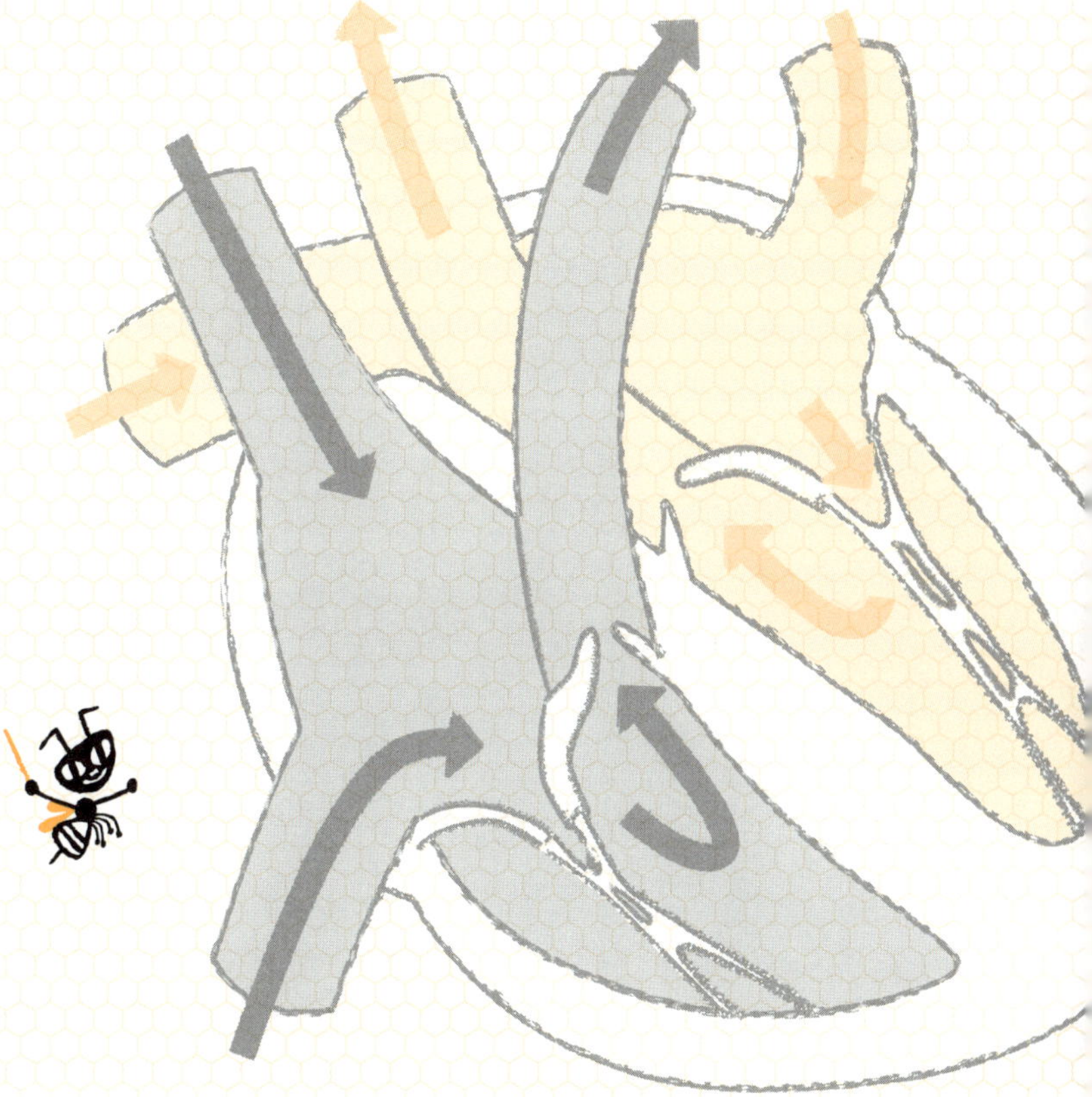

01 グアテマラ人を「血液型」性格診断してみたら

血液型

赤血球の表面にあるタンパク質や糖鎖の構造の差に基づいて分類された型のこと。ＡＢＯ式血液型の他に約40種の血液型があり、総計約400種類に分類される。

フランス人はA型とO型で9割！

血液型がＡ型の人は几帳面な性格、Ｂ型はマイペース、Ｏ型は大らか……。血液型と人の性格には関連があるという、まことしやかな説があります。ただ、科学的証拠はありません。本当かもしれないし、まったくのでたらめかもしれません。

実は、このＡＢＯ血液型による性格判断は日本独自の習慣です。例外的に、日本から影響を受けた韓国や台湾でも広まっていますが、欧米諸国で血液型の話をすると不思議がられるようです。

なぜ、日本ではこれほどまでにＡＢＯ血液型の性格判断が定着しているのでしょうか。日本人全体を見渡すと、Ａ型は

グアテマラ人の会話風景はこんな感じ？

38%、B型は22%、O型は31%、AB型は9%と、他の国より比較的均等に四つの型が分布しています。日本人4人がテーブルを囲んだら、みんながそれぞれ違う血液型になって、あでもないこうでもないと盛り上がることができるかもしれません。

一方、フランス人の場合、A型とO型がほぼ45%ずつで、この二つの血液型で全体の9割を占めてしまいます。

中南米グアテマラでは、O型だけでなんと95%になり、AB型はほとんど0%です。ですから、グアテマラ人4人でテーブルを囲んだら全員O型になります。「オマエがいいかげんなのはO型のせいだ」「キミが几帳面なのはO型だからだ」では、性格分析にはなりませんね。

凝集反応は機動隊に似ている？

私たちが知っている血液型の分類は、「ABO式」と呼ばれているもので、A、B、O、ABの4種類があります。よ

●血液の分類

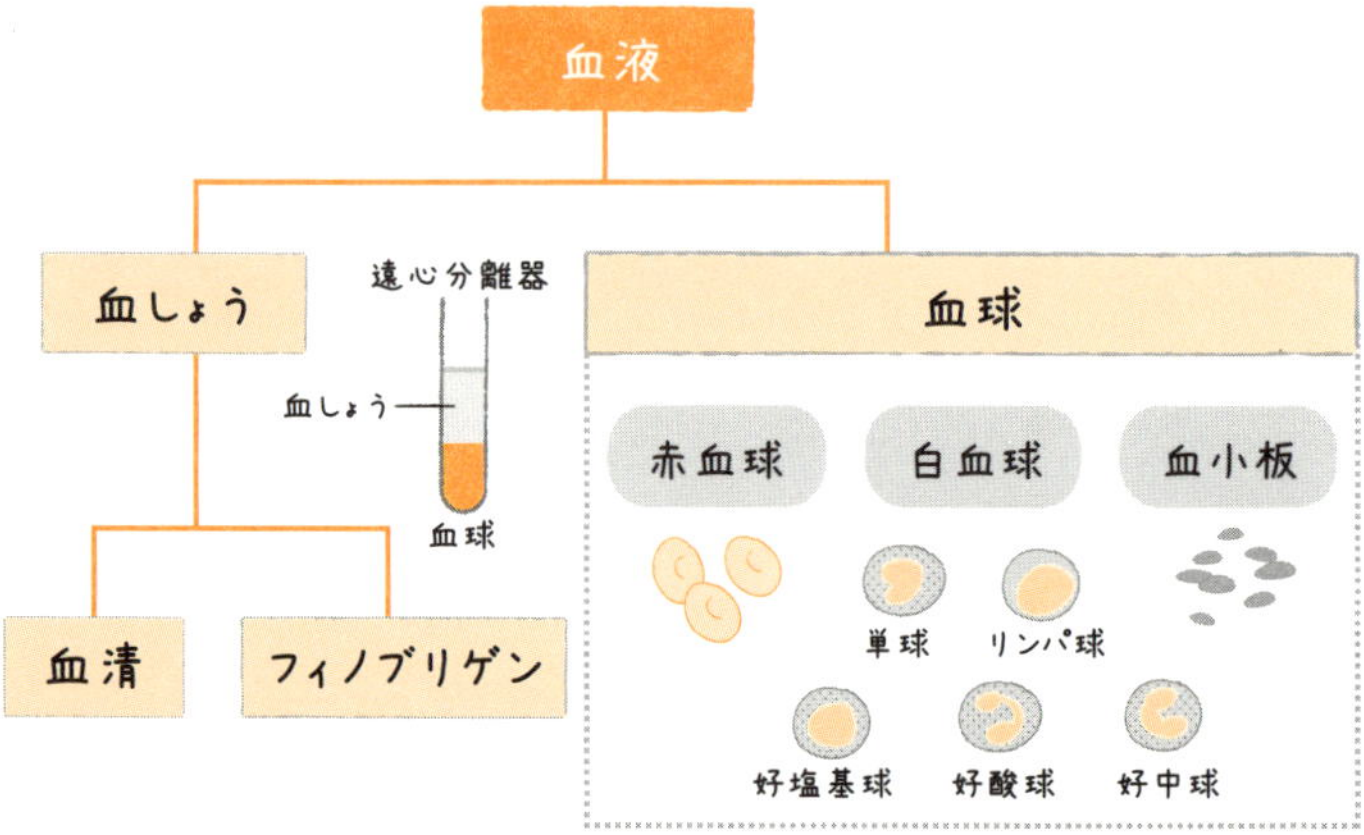

く街中で「AB型の血液が足りないので、AB型の方、ぜひ献血をお願いいたします」と声が張り上げられているのを聞いたことがあると思います。輸血を行なう場合、血液型を合わせる必要があり、異なる血液型が輸血されると、最悪死に至ります。

では、この血液型の違いとはいったい何でしょうか。「血液には個人差がある」ことが最初に発見されたのは、1900年のことです。他人同士の血液を混ぜると、血球が集まって塊を形成する「**凝集反応**」が起こることを観察したからです。そこで、血液を血球と血しょうと呼ばれる液体成分に分けて、他人同士の血球と血しょうを混ぜる実験を繰り返しました。この実験で凝集を起こす場合と、起こさない場合があり、血液をグループ分けできることがわかったのです。これが今日のＡＢＯ式血液型となりました。

この血液の凝集反応は、他人の赤血球を異物としてみなす生体防御が働くために起こります。私たちの血しょうの中には、抗体と呼ばれるタンパク質が大量に存在していて、常に敵の侵入に備えています。もし敵が侵入してきた場合、抗体が敵に結合して、敵の身動きを止めます。そして、抗体同士も結合して束になるため凝集が起こるのです。機動隊が犯人を確保するときに、たくさんの隊員が覆いかぶさるようにして犯人の身動きを止めますが、抗体はこの機動隊とイメージが似ています。

血液型の差は糖鎖の違い

抗体は自分にない物質を見分けて結合します。この抗体に結合する物質のことを抗原と呼びます。抗体が自分と他人の赤血球を見分けているということは、自分にはなくて他人にはある抗原がある、ということです。

では、血液型を決める抗原とは何でしょうか。実は、赤血球の表面には微妙に構造が異なる糖鎖があります。糖鎖とは、糖が鎖状につながっているものです。この鎖がまっすぐ1本なのか、枝分かれしているのか、あるいはどのように枝分かれしているのかによって、糖鎖の形や性質が異なってきます。

ABO血液型のABC

赤血球の表面にある糖鎖によるABOの違いを説明しましょう。まず基本となるO型の糖鎖であるO型抗原があります。これはO型ではない人でも、すべての人がもっています。このO型抗原にどのように糖を付加するかによって、A型、B型が決まります。糖を付加するには酵素が必要です。A酵素をもっている人はA型抗原をつくり、B酵素をもっている人はB型抗原をつくることができます。

そして、どちらの酵素ももっていなければO型抗原のままです。最後のAB型はと言うと、母親からはA酵素を、父親からはB酵素を（あるいはその逆を）譲り受けたので、A型抗原、B型抗原のどちらもつくることができるということです。

赤血球の表面にA型抗原をもっている人は、A型抗原に結合する抗体はもっていませんが、B型抗原には結合する抗体をもっています。これにより、A型の血しょうとB型の血球を混ぜると凝集します。

もし、血液型の異なる人に輸血をしたら大変なことになりますが、例外もあります。O型の人の血液をA型やB型の人へ輸血することは可能です。O型の赤血球にはA型抗原もB型抗原もないので、輸血先の血しょう中の抗体の攻撃を回避できます。O型の血しょう

●ABO型の違いは

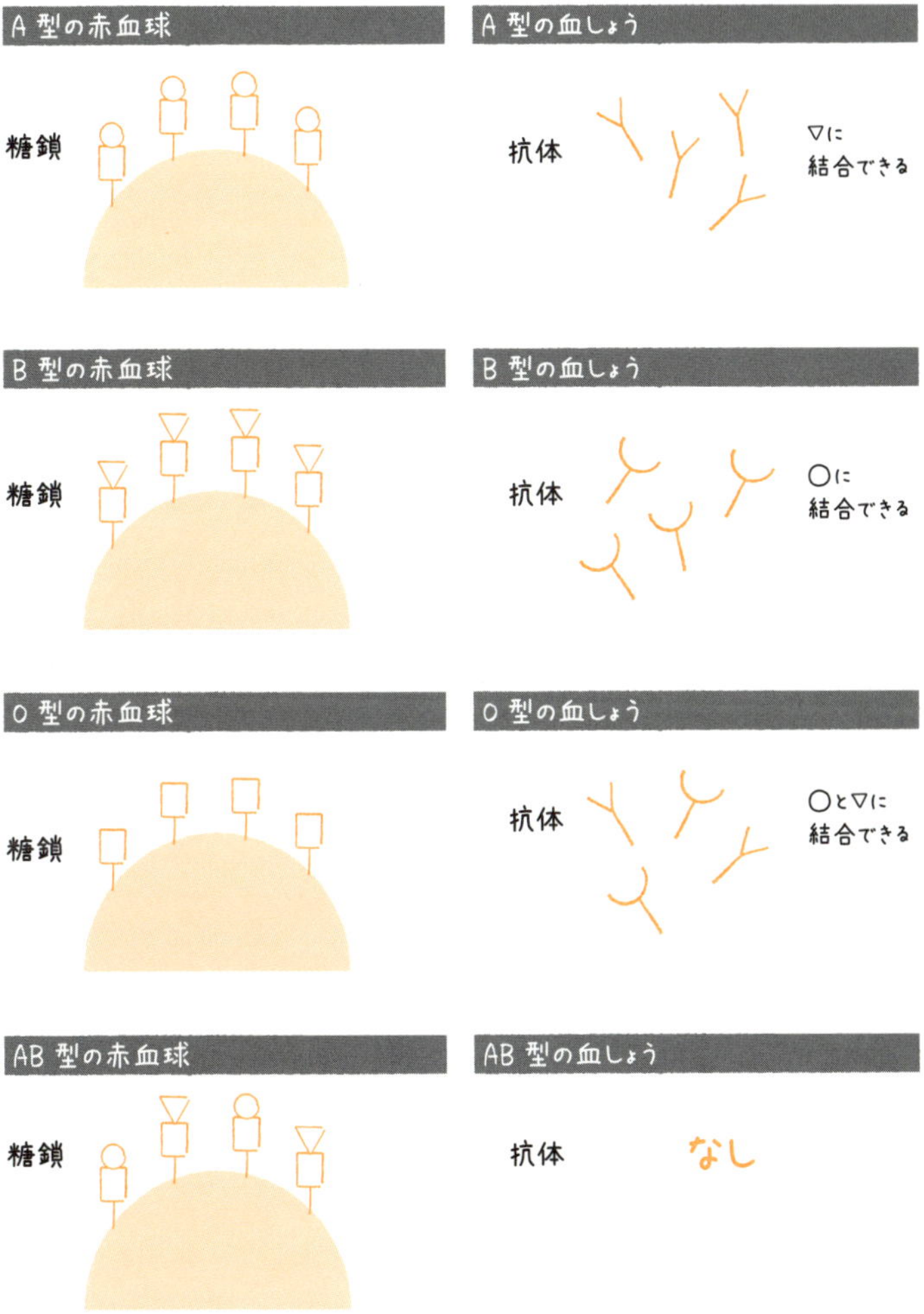
A型の赤血球
糖鎖
A型の血しょう
抗体
▽に
結合できる
B型の赤血球
糖鎖
B型の血しょう
抗体
○に
結合できる
O型の赤血球
糖鎖
O型の血しょう
抗体
○と▽に
結合できる
AB型の赤血球
糖鎖
AB型の血しょう
抗体
なし

にはＡ型やＢ型に対する抗体がありますが、輸血中に含まれている量はごくわずかなので、応答はするけれどそれほど影響はありません。

ＡＢ型の人の血液をＡＢ型の人へ輸血することも可能です。輸血先のＡＢ型は、Ａ型抗原に結合する抗体も、Ｂ型抗原に結合する抗体もどちらも持っていないからです。Ａ型、Ｂ型の血しょう中の抗体の量は微々たるものですので、ＡＢ型の赤血球に応答はするけれど、それほど影響はありません。しかし本当に緊急でもない限り、このような異なる血液型での輸血は行なわれないそうです。やはり、ＡＢ型の人にはＡＢ型の血液を、ということなのです。

02 ヒトの形を保つ「体腔」のしくみ

体腔

中胚葉性の細胞の層で囲まれた空所のこと。動物の成体では体壁と内臓との空所のことを指す。

体の空所は役に立っているの?

体の中を見ていると、「これは何の役に立っているのか?」と思わず考え込んでしまう部分があります。盲腸もその一つでしょうが、もっと不思議なものに「**体腔**」があります。これは「たいこう」または「たいくう」と読み、体にある空所のことを言います。厳密には「中胚葉《ちゅうはいよう》に囲まれている空所」のことを指します。

そこで、中胚葉とは何か、ということですが、ほとんどの高等動物の体は、三つの胚葉（細胞層）からできています。皮膚や神経になる「**外胚葉**」、筋肉や骨、心臓になる「**中胚葉**」、胃や腸になる「**内胚葉**」です。体腔とは「中胚葉に囲まれた空所」のことなので、内胚葉である胃や腸の内部は体腔とは呼びません。

一方、消化管と皮膚の間にある空所はすべて体腔です。なぜなら、皮膚や消化管は、ぴったりと中胚葉由来の結合組織がくっついている二層構造をしているからです。体腔の中は水分（体液）で満たされており、成人男性では体重の約60％を水分が占めます。60％のうち、40％は一つひとつの細胞の中に入っている水分で、残り20％は体腔内の水分です。体の内部には意外に空所があるのです。

体腔があると体を大型化できる

もし体腔がなかったら、どんな体になるのでしょうか。無体腔動物と呼ばれる動物がそれです。例えば、きれいな川に生息するプラナリアや、海の磯の転石の下に棲むホシムシがこの無体腔動物のグループに属しています。

プラナリアは、半分に切っても再生することで有名な動物で、実際に見たことのある人もいるかもしれません。全長1～2㎝ほどで矢印（⇩）のような形をしています。ホシムシは海に棲むミミズのような生き物です。どちらも、横から見るとペラペラの体をしていて、お腹と背中がくっついてしまっているように見えます。体腔がないと体を膨らませることができないので、ペラペラになってしまうのです。

体腔とは体内に風船を入れたようなもので、細胞数は増やさなくても体を大型化できるメリットがあります。ただ、体が大型化すると、酸素や栄養素を積極的に体内に循環させる必要が出てきます。そのため血管や心臓から成る循環系という器官で、体腔内の体液を循環させることで、体内の環境を一様に整えることが可能になりました。

人間とウニは似ている？

　ところで、体腔の形状やでき方というのは、私たち生物学者にとってはかなり重要です。というのは、動物を分類するときに関係してくるからです。

　まず、その形成の違いを見てみましょう。体腔は発生の初期に胚の中に現れますが、中胚葉の細胞の塊が生じ、その中に小さな空所ができて、その後、空所が体腔になります。このような様式を**裂体腔**と呼び、裂体腔をもつ動物グループには、ミミズなどの環形動物や貝などの軟体動物、昆虫などの節足動物が含まれます。

　もう一つのでき方は、まず一層の細胞層の原腸と呼ばれる消化管のおおもとができます。この原腸の先端が飛び出してきて、くびれが切れることで空所ができます。これを**腸体腔**グループと言い、ヒトを含む脊索動物やウニ・ヒトデを含む棘皮《きょくひ》動物が含まれます。

　無脊椎動物の中ではウニ・ヒトデが私たちに近い動物だというのは、体腔のでき方から言えることです。ウニと人間。一見すると、まったく縁遠い生物に見えるものが近い形質をもっているというのは、それらの生物のありようを知る上でも貴重な視点です。

●体腔のでき方の違い

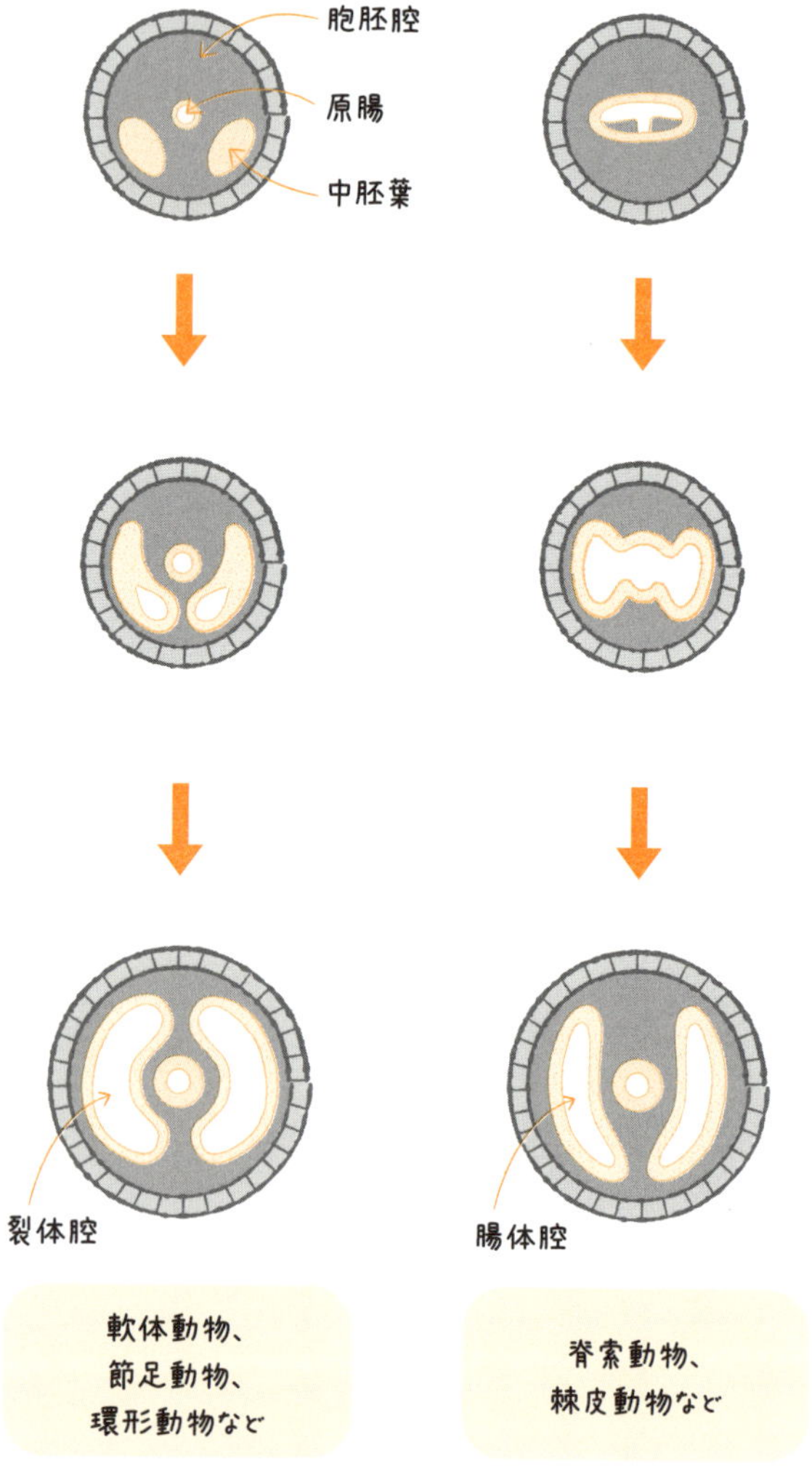

03 進化レベルは「心臓」の高度さで決まる？

心臓

筋肉でできた中空のポンプ。ヒトの場合、1分間に5.5リットル、1日あたり8000リットルの血液を体全体に送り出している。心臓は心房と心室に分かれるが、その数と構造は動物グループごとに異なっている。

体の大型化とともに「心臓」ができた

すべての細胞は酸素を取り込み、二酸化炭素を放出する「**ガス交換**」を行なっています。これは、エネルギーをつくり出す呼吸を細胞内で行なっているからです。

体が小さい動物であれば、体表に並ぶ細胞が酸素を取り込むことで（皮膚呼吸）、酸素が体内に拡散し、すべての細胞がガス交換をすることができます。つまり特別な呼吸器官を必要としません。

一方、体が大きくなると、皮膚呼吸だけでは体の中心の細胞まで酸素を届けることができません。そこで大きな体を持つ動物では、鰓《えら》や肺といったガス交換の専用器官を持つようになりました。

しかし、鰓や肺やその周辺でガス交換ができても、これらの器官から遠い細胞ではガス交換ができません。そこで、血管と心臓から成る循環系が発達しました。心臓は拍動することによって血液の流れを生み出し、酸素や栄養素を送り出します。心臓の拍動が止まり、酸素が体の隅々まで行き渡らなくなると、細胞が呼吸できなくなり、ご臨終となります。つまり、心臓は生命そのものといってよいほど重要な器官なのです。

心臓のはたらきと進化

私たちヒトを含めた哺乳類の心臓は、2心房2心室の構造をとっています。心房とは血液をいったん溜め、心室に送り込む器官です。心室は、ポンプのはたらきをして血液を全身に送り出す器官です。つまり、心臓の主要部は、心室のほうと言えるでしょう。

ヒトの心臓の血液の流れを見てみましょう。まず全身からの血液が大静脈を通

●心臓のしくみと血液の流れ

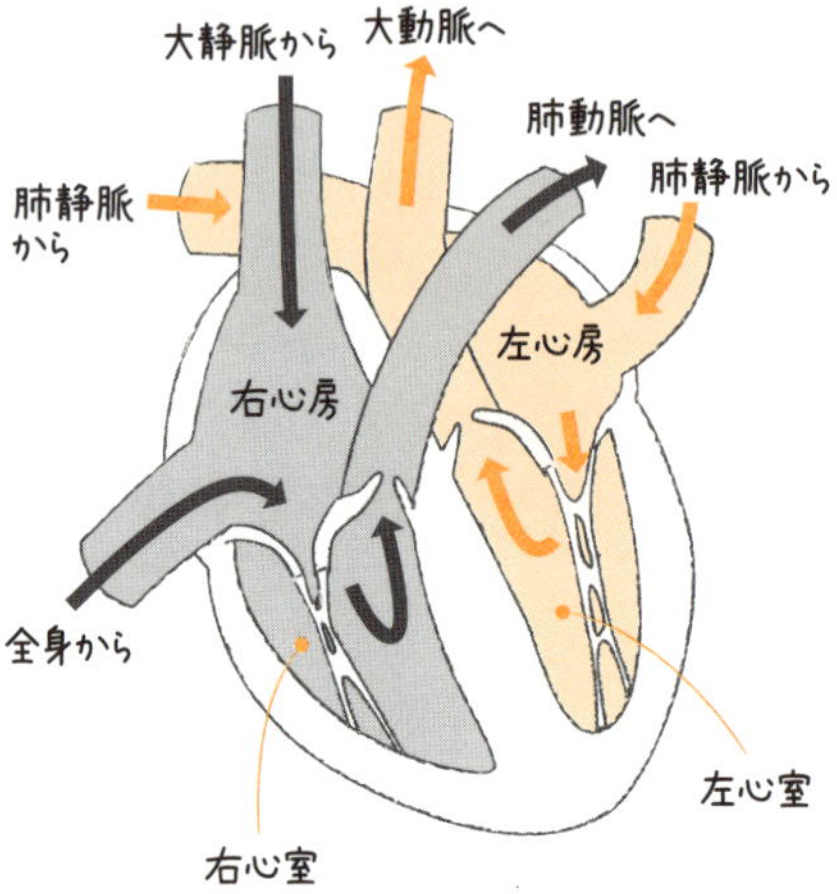

って、右心房に流れ込みます。右心房から右心室へ入った血液は、右心室のポンプで肺動脈を通って肺に到達し、肺の毛細血管上で二酸化炭素と酸素の交換が起きます。たくさんの酸素を含んだ血液は、肺静脈を通って左心房にいったん溜まった後、左心房のポンプで押し出されます。その後、大動脈を通って全身の毛細血管へ到達し、酸素と二酸化炭素の交換が起きます。ただ、肺の毛細血管と全身の毛細血管を通る際には、血圧が弱まります。そこで、肺へ送り込むポンプと全身に送り込むポンプをデュアルで搭載することで、血圧を弱めることなく、効率的に酸素と二酸化炭素の交換ができるように進化したのです。

カエルの心臓は進化レベルが低い？

他の脊椎動物の心臓の構造はどうなっているのでしょうか。魚類の心臓は1心房1心室、両生類は2心房1心室ですが、爬虫類の場合は少し違っていて、2心房1心室もいれば、2心房2心室もいます。

このように、魚類から両生類、爬虫類を経て哺乳類へと進化してきたことを考えると、心臓の複雑化は、脊椎動物の進化に伴って心臓も高度に進化してきたことを示していると容易に想像できます。

ということは、私たちヒトの心臓は最も優れたポンプとしてはたらいていると言ってよいのでしょうか。まず、カエル（両生類）の心臓を見てみましょう。カエルは、2心房1心室の心臓をもっています。全身からの血液が右心房に入り、肺からの血液が左心房に入り、二つが一緒に一つの心室に入ります。その後、心室から大動脈と肺動脈の2方向へ分岐します。

このように酸素を含んだきれいな血液と、全身を循環した古い血液が心室で混ざってしまうので、カエルの心臓は「循環効率の悪い心臓だ」と考えられてきました。下等な動物であるカエルの心臓は劣っているというわけです。

しかし、詳細に調べてみたところ、効率が悪くないだけでなく、ユニークな機能をもつことが明らかになってきました。

まず、二つの心房から入ってきた血液は、心室ではほとんど混ざらずに循環していることがわかりました。出口付近には、らせん弁が備わっていて、心室内の二つの血液の流れが、それぞれ別の出口へ誘導されるようになっているのです。

カエルは水陸両棲の生活様式に対応したユニークな心臓のしくみをもっています。肺呼吸ができない水中では、心室から肺への血液量を少なくすることができるのです。これにより、全身への血流量を上げることが可能になります。つまり肺を通さずに血液を循環させることで、皮膚呼吸によって酸素を供給したり、血液中に残った酸素を無駄なく消費す

●脊椎動物種の心臓の形態と循環系の関係

動物	心房と心室
真骨魚類	1心房1心室
両生類	2心房1心室
ワニ類	2心房2心室
哺乳類	2心房2心室

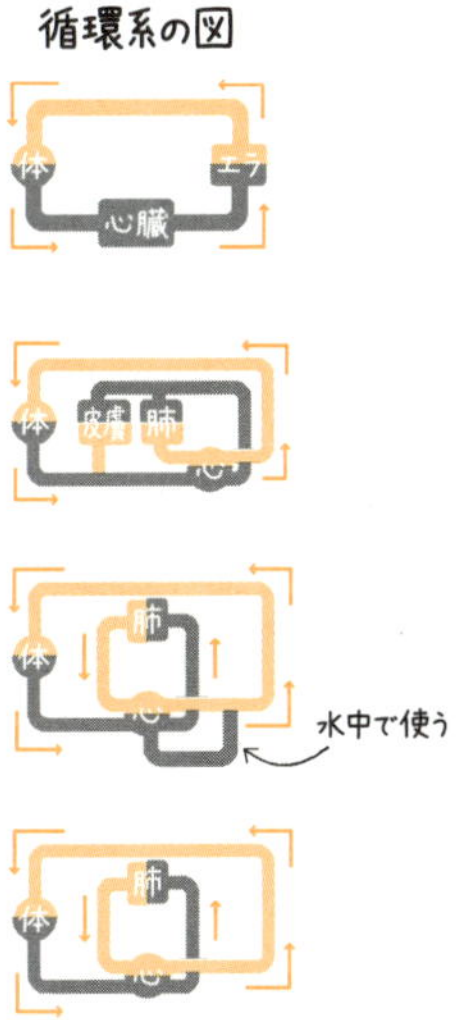

るようになるのです。

もしヒトのように2心房2心室であれば、肺への血液の流入がなくなると、全身への血液の流れもストップしてしまいます。豆電球と二つの乾電池の回路でたとえてみると、カエルの心臓は乾電池が並列につないであるが、ヒトの心臓は乾電池が直列につないであるようなものです。このように、カエルなどの両生類は、水陸両棲のために独自に進化させた心臓をもっているのです。

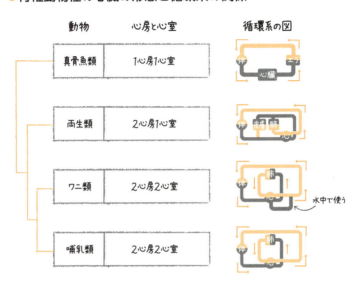

最先端技術より、適した技術

同じように、ワニの心臓も独自のしくみを持っています。ワニはヒトと同じく2心房2心室です。ヒトの心臓は右心室から肺動脈が伸びて肺につながっていますが、ワニの場合、右心室から肺動脈と大動脈の二つが伸びています。これによって、ワニが陸にいるときは、右心室から大動脈には血液が流れず、肺動脈に血液が流れるので肺呼吸を行ないます。水中に入ると弁が閉じて、右心室から大動脈へと血液が流れるようになります。すなわち、肺を通さずに、心臓の右側だけで全身の血液を循環し、血液中の残りの酸素を効率的に使うようになります。

このように、複雑な体を持っているから高等であるとか、すべての環境で優れているとは言えないことがわかります。その環境に特化した体のしくみがあれば、進化的に見て下等な種であったとしても、決して劣っているとは言えないことを、カエルやワニの心臓が教えてくれています。

例えば、人気のｉＰｈｏｎｅなどを見ても、必ずしも最先端部品が詰め込まれているわけではなく、ユーザーが使いやすいように、うまく組み合わせて良い商品につくりあげられています。進化でも、技術でも「適している」ことが重要なのです。

04 なぜ、さまざまな「植物細胞の形」が存在するのか？

プロトプラスト

植物細胞の細胞壁を細胞壁分解酵素などで除去して作製する。細胞膜に包まれており、周囲の浸透圧が高いと球状になるが、低いと破裂する。

細胞壁と液胞の関係

植物の細胞は、いろいろな形をしています。一番多く見られるのは細長い円筒状ですが、他にもジグソーパズルのような形、あるいはテトラポッドのように突起があちこちに出ている細胞（海綿状組織細胞）もあります。

細胞を取り囲む細胞膜は、シャボン玉や泡のように形を自在に変化させることができる自由度があります。細胞内部の液よりも浸透圧が高い溶液の中で細胞壁を酵素で分解すると、球状の**プロトプラスト**と呼ばれるものになります。

例えば、葉肉細胞からつくったプロトプラストは細胞膜で囲まれ、緑色の葉緑体がぎっしりと並んでいます。顕微鏡を覗くと、緑色のボールがコロコロと転がっているようです。なぜ球状にな

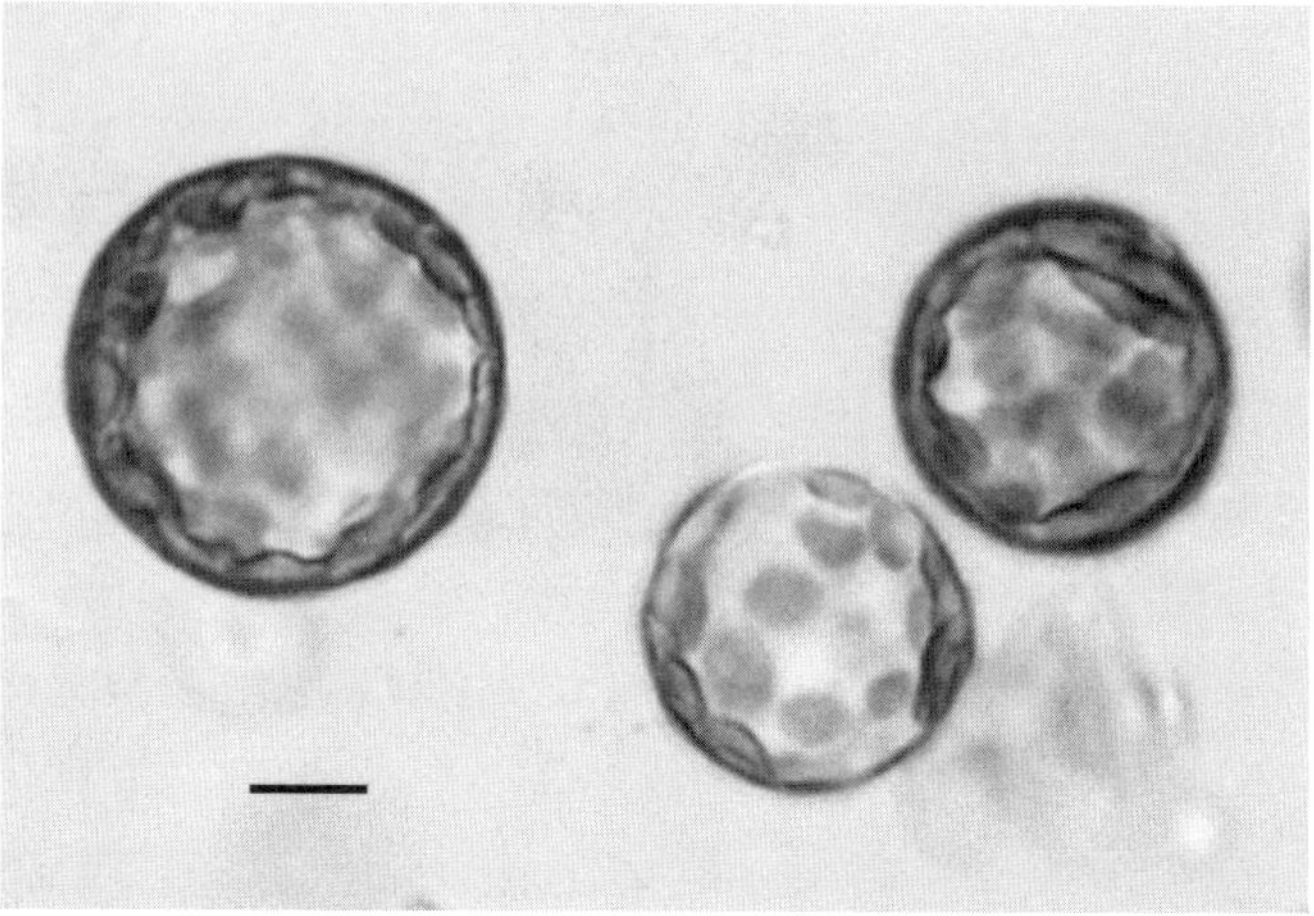

ソラマメのプロトプラスト

（スケールバーは 0.01㎜）

葉肉細胞の細胞壁を酵素で分解すると、細胞膜で包まれた球状のプロトプラストができる。

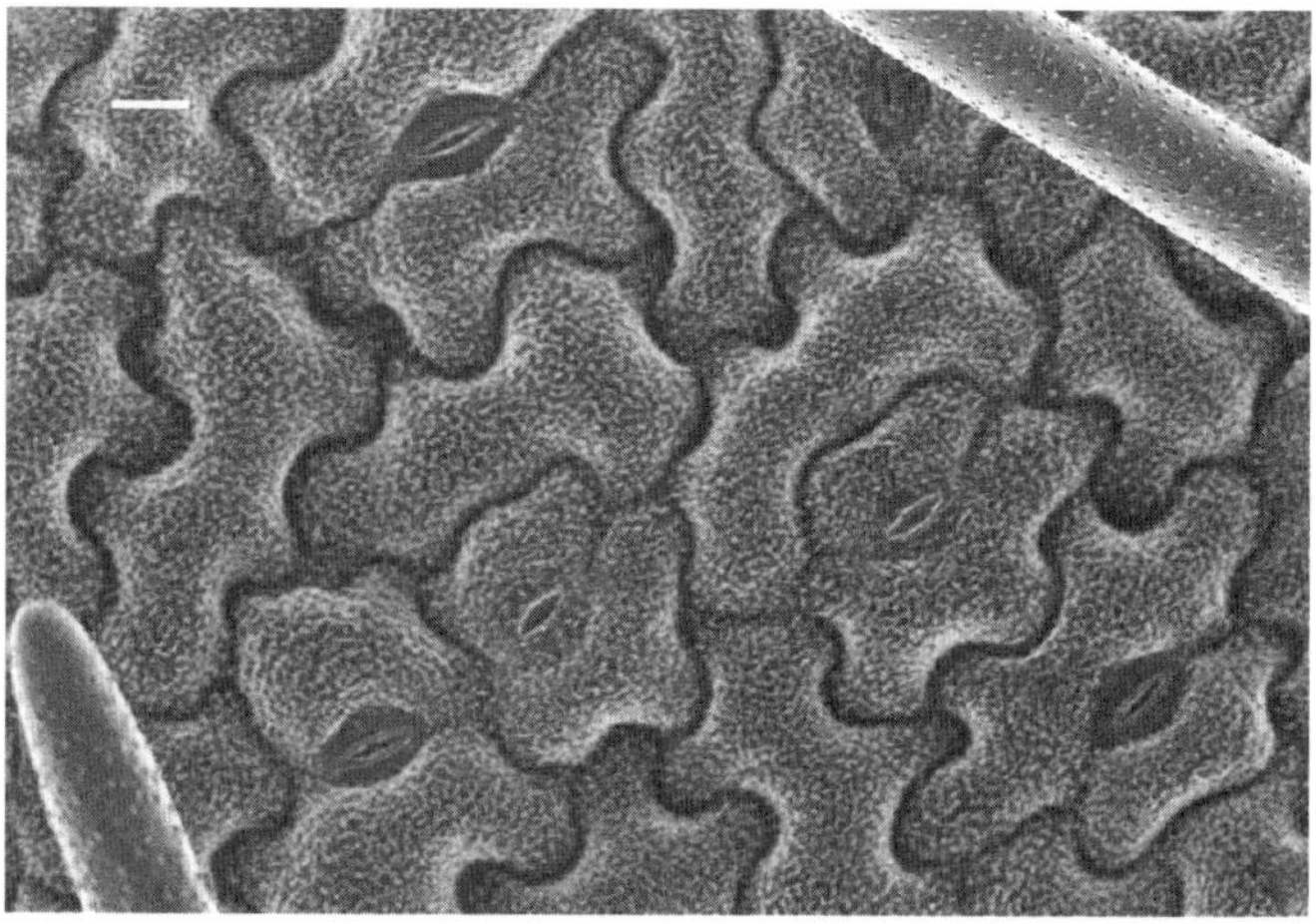

ダイズの葉

（スケールバーは 0.01㎜）

表皮細胞はジグソーパズルのように入り組んだ形。気孔も見える。

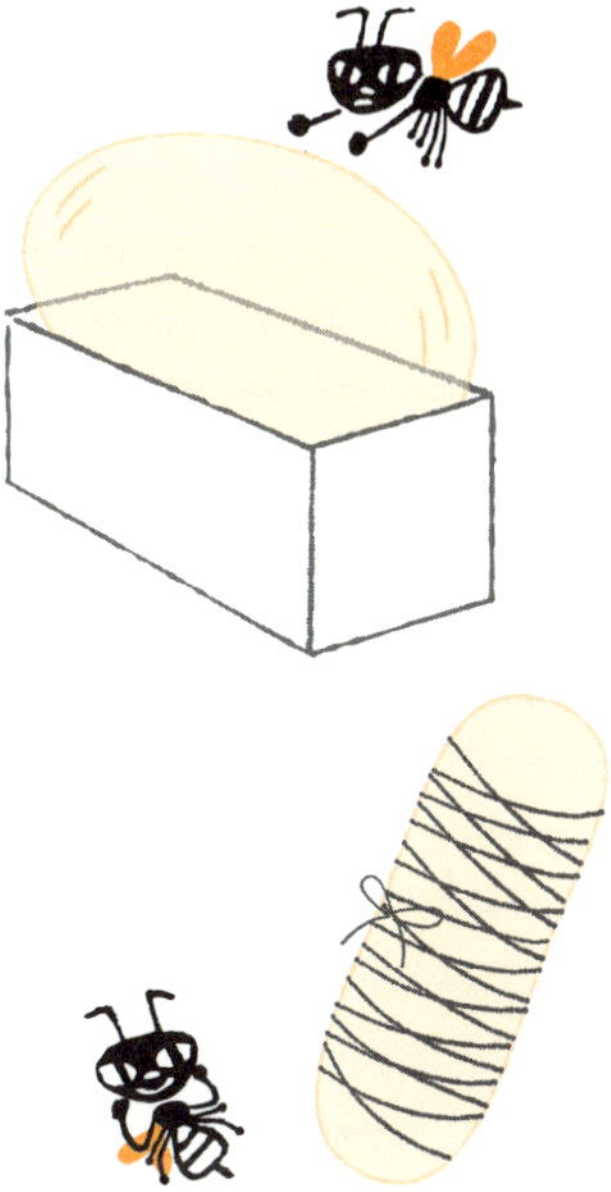

るかと言うと、その形が物理的に最も安定しているからです。

　では、このような細胞膜に囲まれた球状のプロトプラストを円柱状やジグソーパズル型にするにはどうすればよいのでしょうか。球状のプロトプラストをゴム風船にたとえて考えてみましょう。膨らませた丸いゴム風船を細長く変形させるにはどのような方法が考えられるか、ということです。学生に尋ねてみると、「箱に押し込む」とか「ひもでグルグル巻きにする」などのアイデアが出てきました。どちらも植物細胞が実際に行なっている形のつくり方に通じるところがあります。

植物を支える膨圧

　細胞壁の主な成分は、グルコースが鎖のようにつながったセルロースでできた繊維です。この繊維がどのような方向に並んでいるかによって、細胞が伸びることのできる方向が決まります。ちょうどセルロース繊維がひものようにグルグル巻きついていると、巻いている方向には太ることはできません。セルロース繊維の並ぶ方向に対して、垂直になる方向になら伸長することができます。

植物細胞の細胞壁では、繊維状のセルロースの間はヘミセルロースなどの多糖類で埋められており、殻のように見えます。植物細胞膜の内側の大部分は液胞と呼ばれる大きな水袋のような構造で占められていますが、この液胞が水を吸って膨らもうとする力が細胞成長の原動力になります。

細胞が吸水して膨らもうとするとき、セルロース繊維の並び方や細胞壁の固さによって伸長できる部位と方向が決まります。膨圧に対して、細胞壁が抵抗できる固さになると細胞はそれ以上大きくなれません。

膨圧は、植物体を支えるためにも重要なはたらきをしています。細胞内の水分が減って膨圧を保てなくなると、細胞もしなびたような状態になります。水やりを忘れてクタッと倒れた植物が、あわてて水をかけると驚くほどピンと回復したという経験はないでしょうか。それは細胞内の膨圧が回復したからです。

微小管のはたらき

植物細胞は分裂して成長するサイクルを繰り返します。このサイクルの随所で直径24nmほどの微細な管（**微小管**）が活躍します。まず細胞が分裂する前に、いったん分裂面を予告する位置に現れてから、染色体の移動に関与します。その後、新しくできる細胞間の隔壁形成に関わります。

細胞分裂が終わり、細胞が成長するステージに入ると、細胞膜の直下に並びます。この状態では表層微小管と呼ばれます。新しく細胞膜上で形成されるセルロース繊維の方向をコントロールするために、この表層微小管の並ぶ方向が重要であることがわかりました。

例えば本来、細長い円筒形になるはずの細胞を薬品で処理して微小管を破壊すると、細胞は球状になってしまいます。微小管がなくなるとセルロース繊維の方向がバラバラになり、規則性がなくなる結果、細胞の形を制御することができなくなったと考えられます。

また、葉の表皮細胞のようにジグソーパズル型の細胞がつくられるときには、くびれる部位には微小管が多く配置され、その微小管とほぼ同じ部分にセルロース繊維がつくられることもわかりました。

つまり、細胞のくびれはセルロース繊維が密に並んでグルグル巻きにした結果、太ることができなくなった部位であり、このセルロース繊維の向きと密度は細胞膜の内側に並ぶ表層微小管が決めているということになります。

●細胞膜の割断面に見えるロゼット

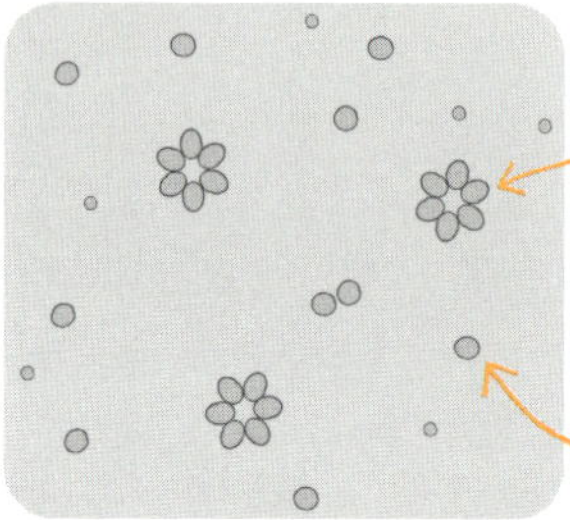

規則的に並ぶ謎のロゼット構造

木綿はワタの種子からとれ、主成分はセルロースです。このワタの種子でセルロース繊維を盛んに合成している細胞の細胞膜の構造を電子顕微鏡で観察したところ、細胞膜の中に特徴的な粒子構造が見つかりました。1970年代のことです。同様な構造はワタ以外の植物でも見られ、さらに詳細な構造が明らかになりました。微細な粒子が6個ずつ規則的に並ぶバラの花のような形から、**ロゼット構造**と呼ばれるようになりました。

このロゼット構造はセルロースの合成に関与していることが予想され、のちに明らかになりました。細胞膜の中に規則的に並ぶ、電子顕微鏡でしか見ることのできない小さなバラの花のような構造は、想像力をかきたて、とても魅力的に感じたものでした。

現在では次のようなモデルで説明されています。それは細胞膜内のロゼット構造が細胞膜直下に並ぶ表層微小管をレールのようにして移動しながらセルロース繊維を合成していく、というものです。その結果、合成されたセルロース繊維の向きは微小管の向きと同じになります。

このようなしくみでつくられるセルロースは、地球上で最も多い高分子とも言われています。紙や木綿の原料として利用され、人々の生活になくてはならない物質です。また、私たちの腸の健康を維持するために必要とされる食物繊維もこのセルロース繊維のことなのです。

05 紅葉や花の色彩を生み出す「液胞と色素体」

液胞と色素体

水溶性アントシアニンは液胞に、脂溶性カロテノイドは色素体に。紅葉や花の色は二つの構造にある異なる色素のハーモニー。

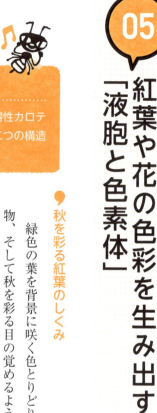

秋を彩る紅葉のしくみ

緑色の葉を背景に咲く色とりどりの花、食欲をそそる野菜や果物、そして秋を彩る目の覚めるような紅葉……。植物が織りなす色は多様です。明るくくっきりとした色合いから、複雑に色が混ざり合った微妙なグラデーションまで、多彩な植物の色はいったいどのようにつくり出されるのでしょうか。

まずは、秋の紅葉を見てみましょう。秋も深まると柿の葉も桜の葉も赤や黄、オレンジ色に色づきます。色づいて落葉したばかりの葉を集めてみると、一枚の葉にもさまざまな色が混ざり、複雑な色合いを呈します。葉を裏返して見ると、表とはまた違う色に見えます。なにより、一枚一枚の葉の色合いはすべて異なりオリジナルです。まったく同じ色彩パターンを持つ葉を見つけるの

●紅葉のしくみ

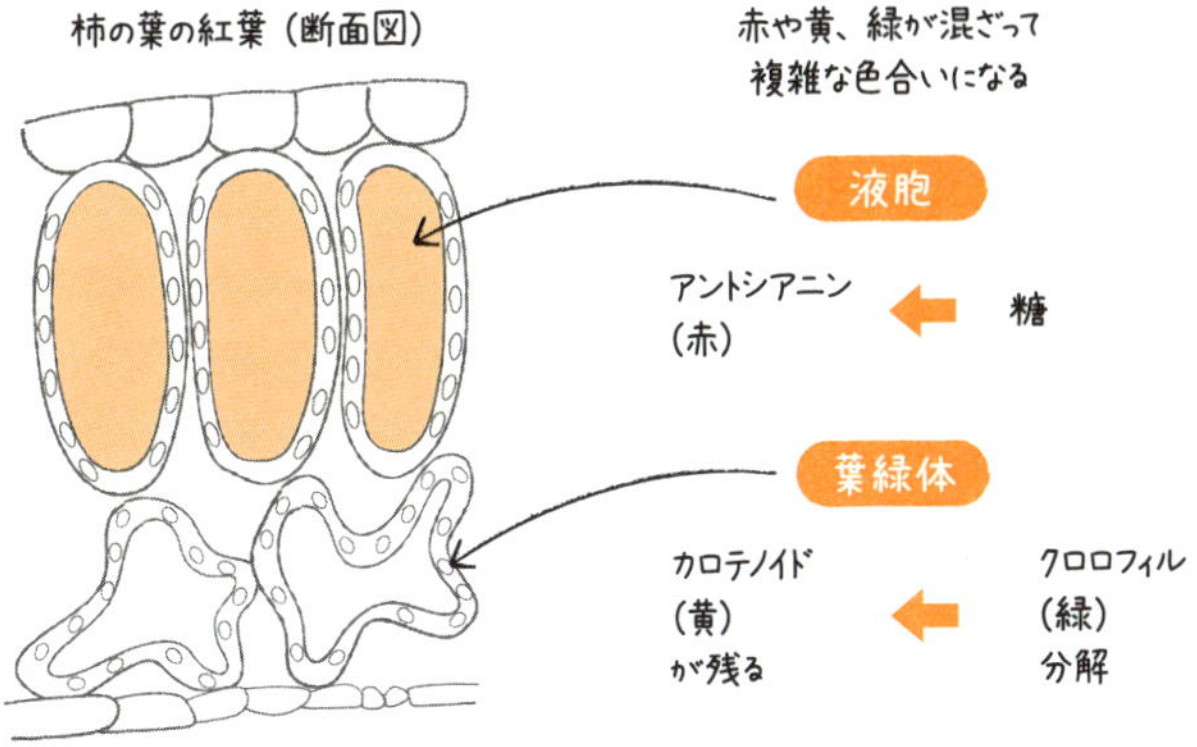

は難しいでしょう。

赤や黄、まだ緑色も混ざっている柿の葉をカミソリの刃で薄く切って顕微鏡で見てみました（上図参照）。光合成を行なう葉の細胞には2種類ありましたね。葉の表側に並ぶ柵状組織細胞は全体的に赤く色づいています。これは細胞の大部分を占める液胞に、赤いアントシアニンと呼ばれる色素が蓄積していることを示しています。

そして葉の裏側に近い海綿状組織細胞には、黄色い粒状の構造が並んでいます。細胞によっては、この粒はまだ緑色です。そうです、これは光合成を行なってきた葉緑体が落葉を前に緑色の色素クロロフィルを分解して黄色に変化した構造です。

黄色い色素はカロテノイドと呼ばれる色素の仲間で葉緑体に含まれていましたが、クロロフィルの緑色に隠れて見えなかったものです。

葉緑体の仲間はどの植物細胞にも含まれていますが、細胞の発達段階や役割によって、さまざまな姿に変化します。デンプン粒を含むアミロプラストも、赤や黄色の色素を含む有色体も色素をもたない白色体も、すべて葉緑体の仲間で**色素体**と呼ばれます。葉緑体から有色体になったり、アミロプラストになったり変化することもあります。紅葉の微妙な色調は、液胞に蓄積したアントシアニンの赤や、色素体中のカロテノイドの黄色、そして残存しているクロロフィルの緑が混ざり合ってつくり出されていることがわかります。

私が大学院時代を過ごしたアメリカ中西部ウィスコンシン州マディソンでは、「うだるような夏と凍りつく冬の二つの季節があり、その間に1週間ずつ秋と春がある」と説明されました。そこでの短い秋に出会った紅葉は、それは鮮やかなもの。短い秋には晴天が続いた後、突然気温が下がって凍りつきます。好天時に光合成によってつくられて液胞に蓄積された糖が、急激な気温の低下により鮮やかな赤いアントシアニンに変わるのだそうです。

心を和ませる花の色はどこから?

次に、花の色を見てみましょう。植物図鑑では、よく花の色でグループ分けされていることがあります。白い花、黄色やオレンジ色の花、赤、紫、青色の花という感じでしょう

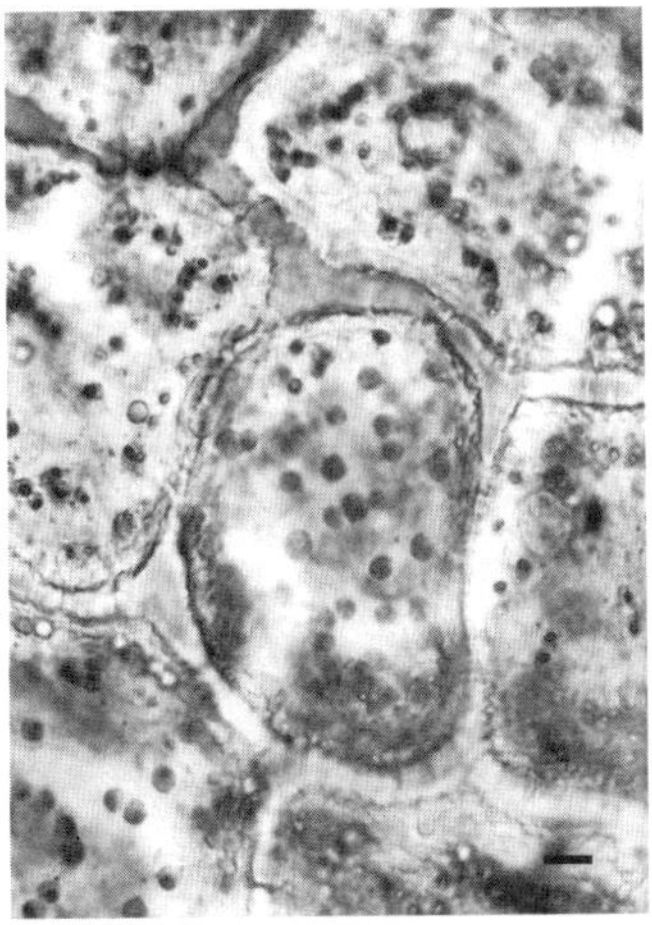
（スケールバーは 0.01㎜）

赤いパプリカの細胞

赤い粒がたくさん見られる。葉緑体が変化して赤い有色体となった。

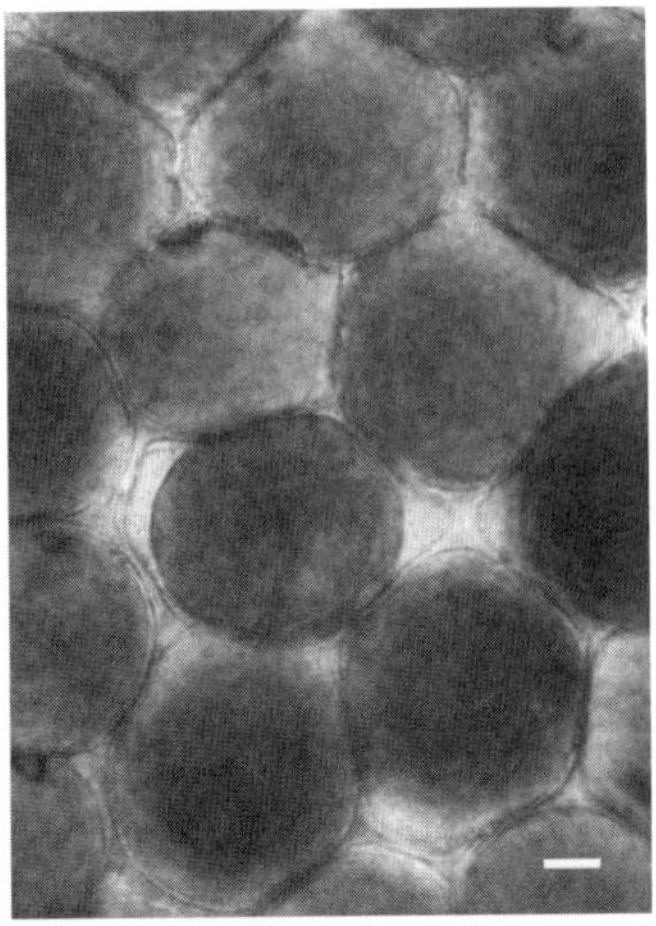
（スケールバーは 0.01㎜）

ヒャクニチソウの花弁の細胞

ピンク色の舌状花の花弁細胞は液胞が濃いピンク色に色づいていた。

か。

細胞の中に色が付くしくみは、紅葉の場合とほぼ同じです。赤・紫・青い花の多くは、花弁の細胞の大部分を占める液胞が赤や青い色のアントシアニンを含んでいます。そして黄色い花の場合、細胞の中に黄色い粒状の構造が多く見られます。これはカロテノイドを含む有色体（葉緑体の仲間）と呼ばれる構造です。

ほとんどの場合、液胞か葉緑体の仲間の有色体か、どちらかに色を持っていると言えます。紅葉の場合と同様に、液胞と有色体の両方の色を反映する場合もあります。例えば、フレンチマリーゴールドの花弁は黄色と赤が混ざり、オレンジ色に見える部分もあります。細胞を見てみると、赤いアントシアニンを含んだ液胞と黄色いカロテノイドを含んだ粒状の有色体の両方が存在します。液胞にあるアントシアニンは水溶性で、有色体にあるカロテノイドは脂溶性という違いもあります。

子供の頃、「色水遊び」をしたことがあると思いますが、アサガオの花の色が水に簡単に溶け出すのは水溶性だからです。料理をするとニンジンのオレンジ色が油に溶け出しますが、これは脂溶性だからです。

カロテノイドは、黄色やオレンジ色に加えて赤いものもあります。赤い花では、液胞が赤い場合と粒状の有色体が赤い場合の2通りの可能性があることになります。いわゆる深紅のバラの色は黒みがかった赤で、液胞のアントシアニンによるものです。それに対し、ややオレンジ色を帯びた赤色のバラの場合は有色体のカロテノイドによるもの。黄色い花にも有色体のカロテノイドによる場合と、液胞に含まれるベタレインという黄色い水溶性の色素による場合があるそうですが、ベタレインについてはまだよくわかっていません。

構造色という特別な色もある

もう一つの花の色をつくり出す要素として、花弁の細胞の表面構造があります。電子顕

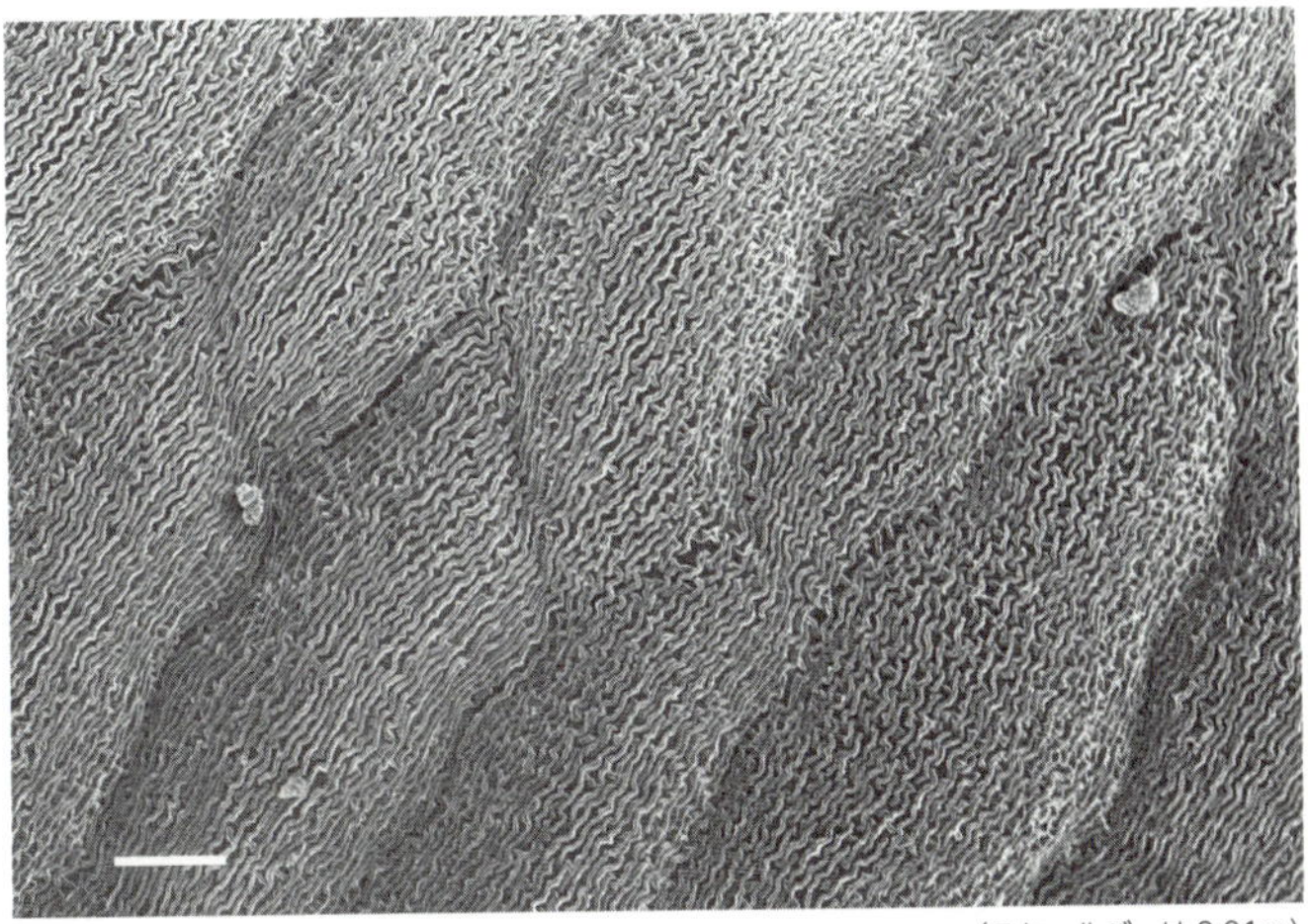

（スケールバーは 0.01㎜）

シクラメンの花弁

表面にクチクラでできた細かな縞模様がある。独特の光沢をもつ構造色の要因となっているのではないだろうか。

微鏡でシクラメンの花弁の表面を見てみると、細かな縞模様が並んで見えます。この縞模様と光の相互作用で生まれる微妙な光沢や色合いの変化を**構造色**と呼びます。白いハルジオンの花弁の表面にも、細かな縞模様がありました。

花の色はもともと花粉を運ぶ昆虫などを惹きつけるために工夫を凝らされたものですが、美しい花の色は大人から小さな子供まで心を和ませてくれます。「ベトナム戦争が終わったとき、広場の花売りの色とりどりの花に平和を実感した」という、かつてどこかで読んだコラムが心に残っています。

PART 6
「生物学」を支えた法則・発見

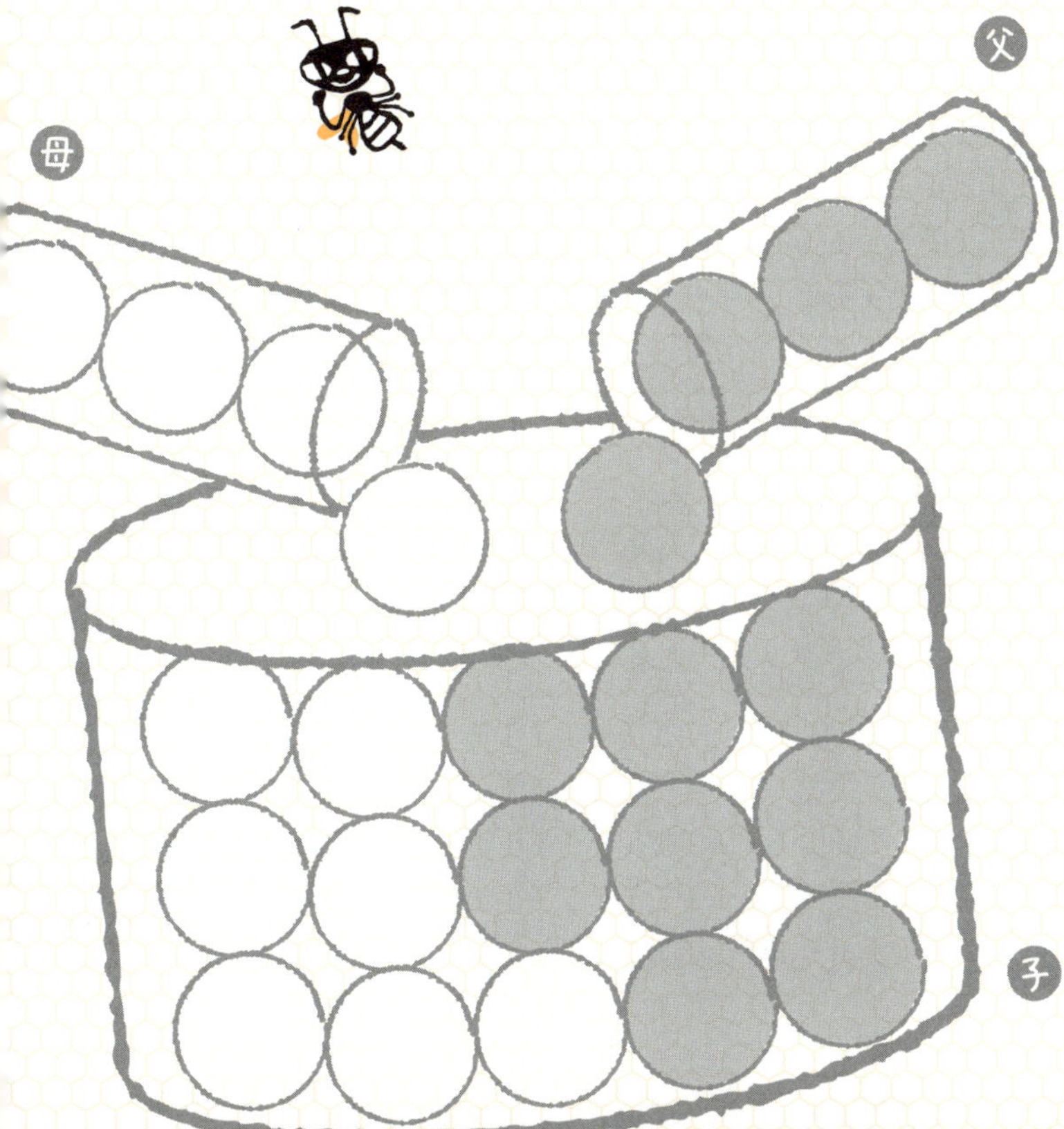

01 「対立形質」から解かれた遺伝の謎

対立形質

個体による差がはっきりしている形や性質のこと。交配すれば、その子はどちらかの形質のみが現れる。エンドウの丸い種子としわの種子が有名。

古くから行なわれてきた遺伝の研究

「カエルの子はカエル」「トンビがタカを産む」などのことわざにも見られるように、親の血液型や皮膚の色、身長・体重などの形質が子供にどう伝わるのか。それは時代を超えて、両親の大きな関心事でした。つまり、昔の人も遺伝の存在は気づいていたに違いありません。

実は、親の形質がどのように子に伝わるかを明らかにする研究は、古くから行なわれてきました。研究者たちは、ペットや家畜の身長や体重、毛の色といったおおまかな形質を使って遺伝の研究をしていました。

身長や体重は遺伝ばかりではなく、その生育環境によっても大きく変わります。例えば、ライオンのように群れで行動する動物であれば、群れの中に社会性があるので、同じエサを与えたとしても同じ量を食べるとは限りません。また、毛の色は多くの遺伝子が複雑に絡み合って規定されているので一筋縄ではいきません。つまり、子供の形質を調べても毎回結果が異なるので、〝遺伝の基盤〟となるものを見出すことができなかったのです。

このように、多くの研究者が試行錯誤をして答えを見つけられない時代に、美しく論理的な答えを導き出したのが「**メンデル**」です。メンデルも他の研究者同様、遺伝のしくみに興味をもち、いろいろな動植物を生育させて遺伝形質を調べる実験を行ないました。彼は農家の出身で、また地元の学校でミツバチの飼育や果物の樹木の栽培などを教わった経験がありました。いろいろな動植物を使って実験をした中で、最終的にエンドウで遺伝の実験を行なうことを決めました。このエンドウを使ったことが、遺伝の法則性を見出す〝決め手〟になったのです。

エンドウを使うメリット

エンドウはマメ科の植物です。マメ科の植物には花が完全に開かずに自家受粉するものや、自家受粉を行なうように品種改良されたものが多くあります。この自家受粉は、メンデルが実験をするにあたって大きなメリットになりました。

まず、自家受粉で自分のおしべとめしべで交配を続ければ、「純系（純粋な系統）」を確立しやすくなります。次に、花が開かないので他からおしべが入ってくることがありません。ということは、成熟前に花の中のおしべを切除してしまって、交配させたい株のおしべをめしべに人為的に交配させることができます。

エンドウのもう一つのメリットは、純系のエンドウ株の中に種子の形が「丸」か「しわ」か、あるいは背丈が「高い」か「低い」かといった、外見上はっきりとした対立形質のあるものを多く見出すことができたことです。なお背丈に関しては、茎の葉と葉の間隔を指標とすることで、あいまいさを回避しました。

メンデルはこうして購入した34品種のうち、22品種からそれぞれに特徴的な対立形質を発見し、その中で7つの品種に絞って交配実験を進めたのです。

遺伝学を創成したメンデル

メンデルはこの7つの品種を交配させ、雑種の種子を生育させ、また交配させる、という実験を8年以上も続けました。この間、栽培したエンドウは数万株以上にのぼりました。長期にわたってこのような地道な研究を続けたことも、メンデルの素晴らしい点の一つです。

では、研究成果として、最も素晴らしいところはどの点でしょうか。メンデルは、種子が丸やしわになる対立形質には、遺伝を支配する「要素（のちに遺伝子と命名される）」があると仮定し、Aとa、Bとbなどの単純な記号で表記する方法を考え出しました。このように生物現象を数式や記号で表現しようと考えたのは、メンデルが大学で物理学を専攻していた影響です。分野を超えて学問を行ない、遺伝学という新たな研究領域を創成したことは高く評価されています。

メンデルは、実験結果から以下の3点を編み出しました。

①種子の丸としわといった一つの対立形質は、一対の対立した遺伝子Aとaによって支配される。
②一つの個体は一対の対立遺伝子をもつ。例えば、丸い種子ならAAとなる。
③おしべやめしべといった配偶子が形成されるとき、一対の対立遺伝子は1個ずつ均等に配分される。

メンデルの分離の法則

これまで遺伝とは絵の具のように混ざり合い、いったん混ざってしまえばそれを分離することは不可能であると考えられていました。しかし、メンデルは「遺伝子とは液体では

●遺伝に対する考え方

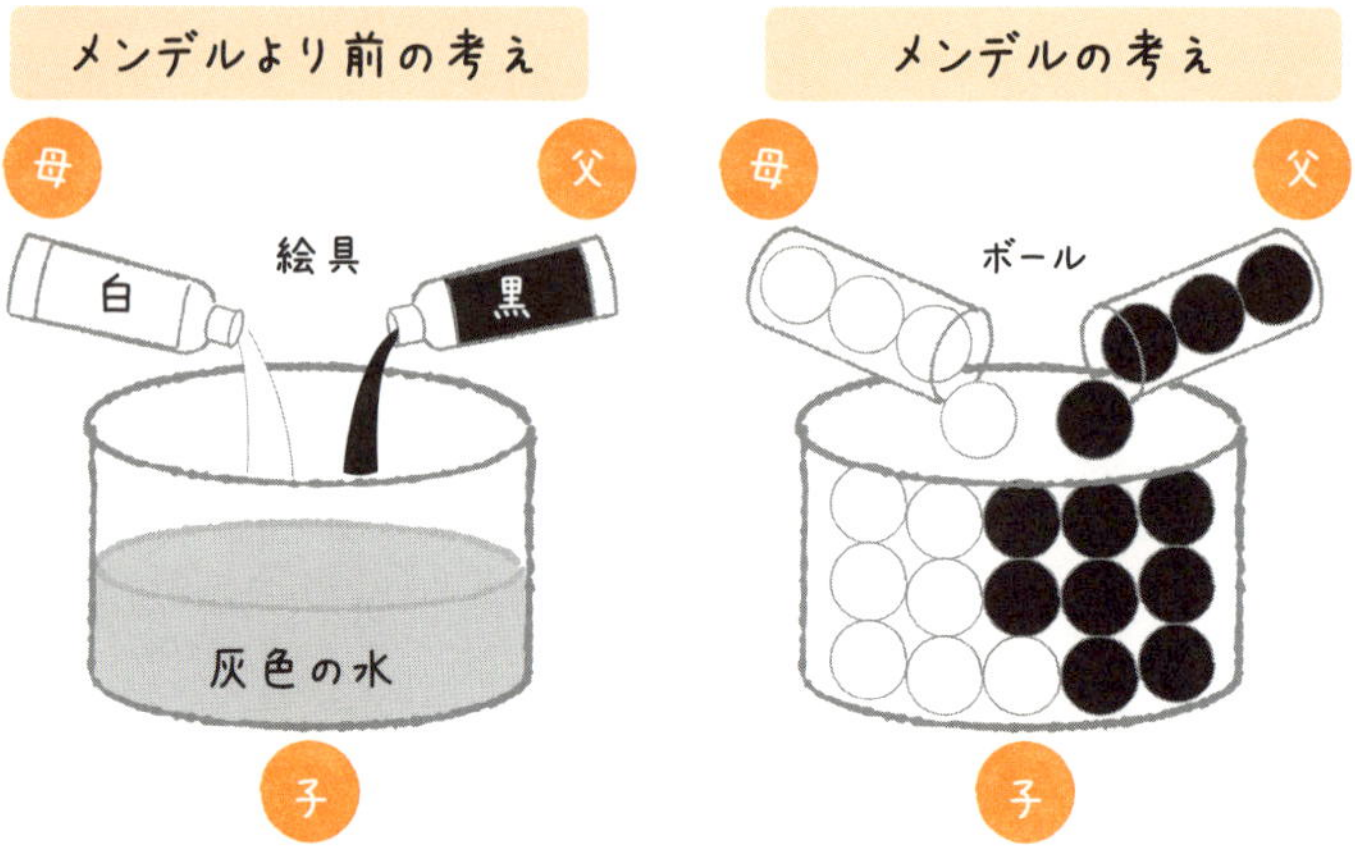

なく、粒子状のものであり、受精によって一回くっついても、また別々に分離することができるもの」と考えました。

③の内容が、「**メンデルの分離の法則**」と呼ばれるものです。メンデルの法則については、以前は高校の生物の教科書で扱っていましたが、最近では中学校で教えることになりました。これまではメンデルの3大法則として「**優性の法則**」「**分離の法則**」「**独立の法則**」を学んでいましたが、この改訂により分離の法則を中学校で教えるだけになっています。なぜなら、優性の法則や独立の法則は、例外が多すぎて法則とは呼べないからです。

02 DNAの理解を深めた「セントラルドグマ」

セントラルドグマ

DNAからタンパク質を合成する過程は、一方向的であり逆流はしない。これは生物一般の原理であることから、名づけられた。

60年前には形も知られていなかったDNA

私たちの体をつくる細胞一つひとつにはDNA（デオキシリボ核酸）が含まれています。長い鎖状の分子で、らせん状に二本のDNAが絡み合う構造をしています。ヒトの一つの細胞に含まれるDNAをまっすぐ伸ばすと、およそ2m、自分の背丈よりも高くなります。

今でこそ、「DNAは二重らせん」と当然のように言われていますが、60年前にはどのような形で存在しているのか、わかっていませんでした。当時、DNAに関してわかっていたことは、次の3点です。

①遺伝物質の正体はタンパク質だと考えられていたが、どうやら

DNAであるらしい。

②DNAは非常に長い鎖状の分子であり、その鎖の構成単位（つまり、一つひとつの輪に相当する部分）はヌクレオチドと呼ばれ、リン酸、糖、塩基の三つのパーツからなる。DNAのリン酸と糖は共通した構造であるが、塩基は4種類存在していて、それらは、アデニン（A）、チミン（T）、グアニン（G）、シトシン（C）である。

③DNA鎖には、A、T、G、Cの四つの**塩基**がランダムに並んでいる。

このDNAの構造が二重らせんであることを初めて発見したのが、ジェームズ・ワトソン（1928〜）、フランシス・クリック（1916〜2004）であることは、よく知られています。この結果、ワトソンとクリックは1962年にノーベル生理学・医学賞を受賞しました。しかし、この二重らせんの発見には複雑な人間関係や研究事情が絡んでいたことは、それほど知られていません。

ワトソンとクリックは実験していない

「DNAは二重らせん構造だ！」という発見の第一報は、1953年に「ネイチャー」誌に報告されています。当時を振り返ってみることにしましょう。

この発見の中心人物と考えられているワトソンは、1950年に動物学により博士号を取得し、何か大きな研究成果を上げてやろうという野心に燃える若手研究者でした。当時、タンパク質がどのような分子構造をしているのかを、X線結晶構造解析により明らかにするという研究が始まっていました。これは**X線回折法**とも呼ばれるもので、構造が不明な結晶にX線を照射すると規則的な回折のパターンが得られ、そのパターンから結晶構造を明らかにするというものでした。

しかし、これは物理学分野の研究であり、動物学を専攻していたワトソンには畑違いでした。そこで物理学を専攻し、大学院に入ったばかりのクリックを誘って実験を行なうことにしました。DNAにX線を当て、回折パターンを調べてみましたが、新米の二人には簡単にいくはずはありません。

気の合う友人であるウィルキンスの研究室には、X線結晶構造解析のスペシャリストの女性研究者ロザリンド・フランクリン（1920〜1958）がいました。ワトソンがウィルキンスの研究室を訪問したとき、ウィルキンスが彼女のデスクから一枚の写真を持ってきました。

「見てみるかい。ロザリンドのこの実験結果の写真を」

ワトソンとクリックはそのDNAのX線結晶回折写真を見て、DNAの構造がひらめいたのです。４種類の塩基が二つずつのペアになることが鍵で、これによって２本のＤＮＡ鎖がペアになってらせんを描いているということです。

そのアイデアをもとにすぐに論文を書きあげ、１９５３年にＤＮＡ二重らせん発見の論文が「ネイチャー」誌に３本同時に掲載されました。ワトソン、クリック、ウィルキンス、フランクリンのそれぞれの論文です。この４名のうちロザリンド女史だけがノーベル賞を逃しました。なぜなら、研究でＸ線を浴びすぎてがんになり、受賞（１９６２年）を待たずに亡くなってしまったからです。

ワトソンとクリックの真の功績

他人の実験結果を見て、〝アイデア勝負〟で論文を書いたワトソンとクリックには批判的な意見もあります。しかし、彼らの功績は的確にＤＮＡの構造を予測したことの他に、ＤＮＡをもとにした生命現象の基盤をも推測したことにあるのです。

つまり、ＤＮＡがなぜ正確にコピー（複製）され、正確に親から子へ受け継がれるのか、そしてＤＮＡがどのようにタンパク質へと翻訳され、私たちの血や肉になるのか……。これらに対するモデルを提唱したことです。彼らが示したモデルはその後、他の研究者によって証明されることになりました。

ＤＮＡを構成する塩基には４種類あると言いましたが、二重らせんの内側でＡとＴ、ＣとＧが水素結合をつくってペアとなっています。ＤＮＡが複製されるときは、この水素結合が壊れて、２本の鎖の絡み合いが緩みます。各々の鎖は新しい相手と二重らせんをつくりますが、ＡとＴ、ＣとＧがペアをつくるように正確に複製されます。これにより、まったく同じ塩基の並びをもった二つのＤＮＡ二重らせんができるのです。新しくできた二重らせんのうち、１本のＤＮＡ鎖は古く、もう１本は新しいことから、**半保存的複製**と名づけられました。

●DNA の半保存的複製のしくみ

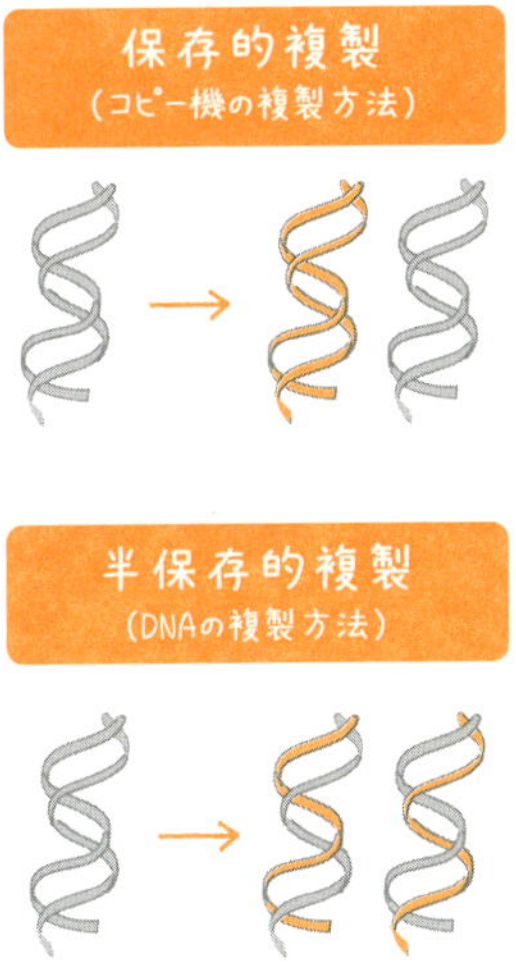

一方、コピー機で文章のコピーをとるような、原本とは別のまったく新しい複製ができる方法は、ＤＮＡの複製とは異なるしくみです。これを**保存的複製**と言います。コピーのコピーのコピーの……を繰り返していくと、文字がだんだんつぶれて見えなくなってしまいます。つまり、保存的複製では何回もコピーを繰り返していくうちに、エラーがたまってし

まうのです。

他方、半保存的複製では、必ず半分は原本なので、エラーがたまることはありません。ゆえに、子孫まで永続的にＤＮＡを受け継いでいくことができるのです。このＤＮＡの二重らせん構造と半保存的複製は、ＤＮＡが遺伝情報の本体であることを多くの研究者に確信させせました。

その後、クリックが提案したセントラルドグマによって、ＤＮＡが生命の設計図であり、それを源としてタンパク質、そして生命がつくられるということに対して、多くの人々の理解に役立ちました。

ワトソンとクリックがロザリンドの功績を横取りしたという考えもあるでしょうが、彼らのモデル提唱が、その後の分子生物学の大きな発展を導くことになったのです。それぞれの役割を果たした、と見るべきかもしれません。

03 アサガオは「フィトクロム」で咲く時期を感知する

フィトクロム

赤色光受容体。赤色光と遠赤色光により可逆的に変化して環境シグナルを受容して伝達する。季節や時刻、場所などの情報源となる。

「夜の長さ」で花の咲く時期を測るアサガオ

夏休みの宿題で、アサガオの観察日記を書いたことのある方は多いと思います。なぜ、アサガオはちょうど夏休みが始まる頃に咲き始めるのでしょうか。それは、アサガオの花芽形成が「夜の長さ」によって制御されているからです。実は、アサガオは夜が一定時間以上長くなると花芽が形成される「**短日植物**」なのです。

夏休みはもともと夜が短いもの。正確には一年で一番夜が短いのは8月ではなく、夏至つまり6月末であり、その後はだんだんと夜が長くなります。

アサガオは暗期が8~9時間を超えると、花芽をつくり始めます。夏至の頃でも日の入りから日の出まで9時間以上あるので、いつでも花が咲きそうなものです。しかし、実際は日の入り時刻

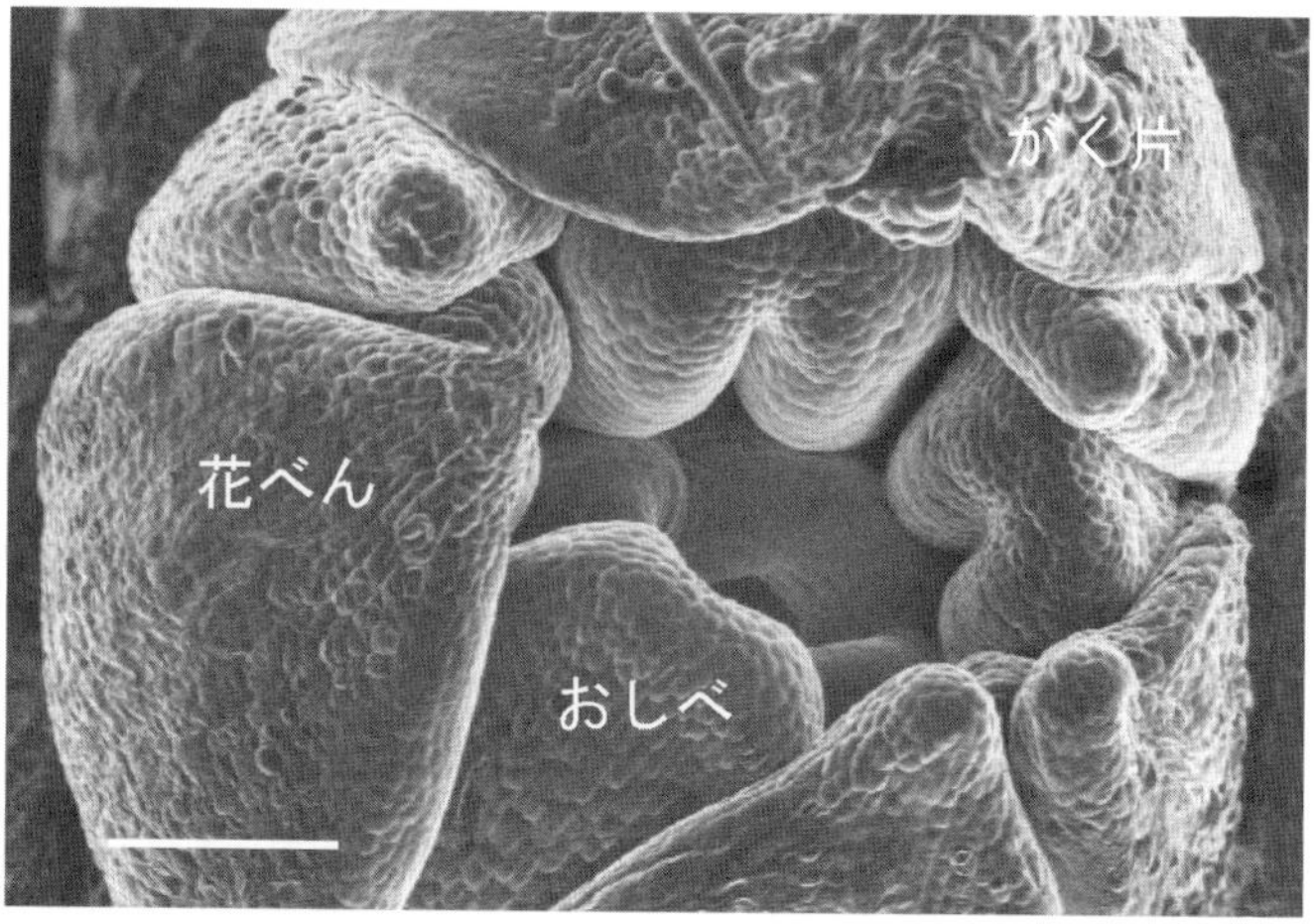

アサガオの花芽形成

（スケールバーは 0.1㎜）

１回の短日処理で花芽が誘導される。中央に見える穴を中心にめしべが形成される。

カイワレダイコンの発芽

（スケールバーは 1㎝）

左は明暗周期下で、右は暗黒下で発芽させた。

はまだ薄明りの状態で、植物が光を感じる暗期にはなっていません。日が沈んでしばらくしてから、アサガオが「夜」と感じる暗さになります。人間の感覚とは少し違うのです。

もう一つ、花芽を誘導するためには気温がある程度高いことも必要です。気温が高くなってから、一定時間以上暗い時間が続くと花芽が誘導され、それから数週間してから開花します。

では、夜が長くなり始めた時期に花芽をつくるのは、植物にとってどのような意味があるのでしょうか。植物は「夜の長さ」で季節を感じています。夏休みに花を咲かせたアサガオは、寒い冬が来る前に種子をつくり終えることができます。開花の時期が遅くなってしまうと、種子ができあがる前に冬になり、子孫を残すことができません。このように、昼の長さや夜の長さを測るとき、植物は「フィトクロム」という赤色光の受容体を利用しています。

微妙に変化する光の情報

植物は成長のあらゆるステージで光の情報を活用します。光は虹に見られるようにさまざまな波長の色に分けられます。同じ太陽光でも波長の組合せは、日の出から日中、夕暮れ時と刻々と変化します。また、雲や他の植物の陰にいるときにも波長は変わります。その上、光は強くなったり弱くなったりという変化もしますし、照射する方向も変わります。

重力のように、地球上で常に同じ方向から一定の力が加わるものと比べると、光ははるかに複雑で、しかも微妙な情報であることがわかります。植物はこの「微妙に変化する光の情報」を利用して、自らが置かれた環境を察知することができるのです。

赤色光でコントロールされる植物

20世紀前半に、赤色光でコントロールされる植物の現象が相次いで見つかりました。開花を制御する光周性や葉の就眠運動、レタスの種子発芽や、エンドウ芽生えの緑化など、光を虹色に分けて調べると、どれも赤色光が重要であることがわかりました。さらに、赤色光の効果が遠赤色光で打ち消されるという性質も明らかになりました。

緑化するときには葉緑体ができます。葉緑体の中で緑色をしているのはチラコイド膜です。光がない状態では葉緑体の前駆体である黄白色のエチオプラスト中に、チラコイド膜の材料がプロラメラボディ（ラメラ形成体）として蓄積されていて、光が当たるとそこからクロロフィルを含む緑色のチラコイド膜がどんどんつくられます。

ここで用いられる赤色光は波長が660nmで、赤と言ってもオレンジ色に近い赤色、遠赤色光は波長が730nmの深い赤色になります。目に見えない赤外線に近い波長ですが、

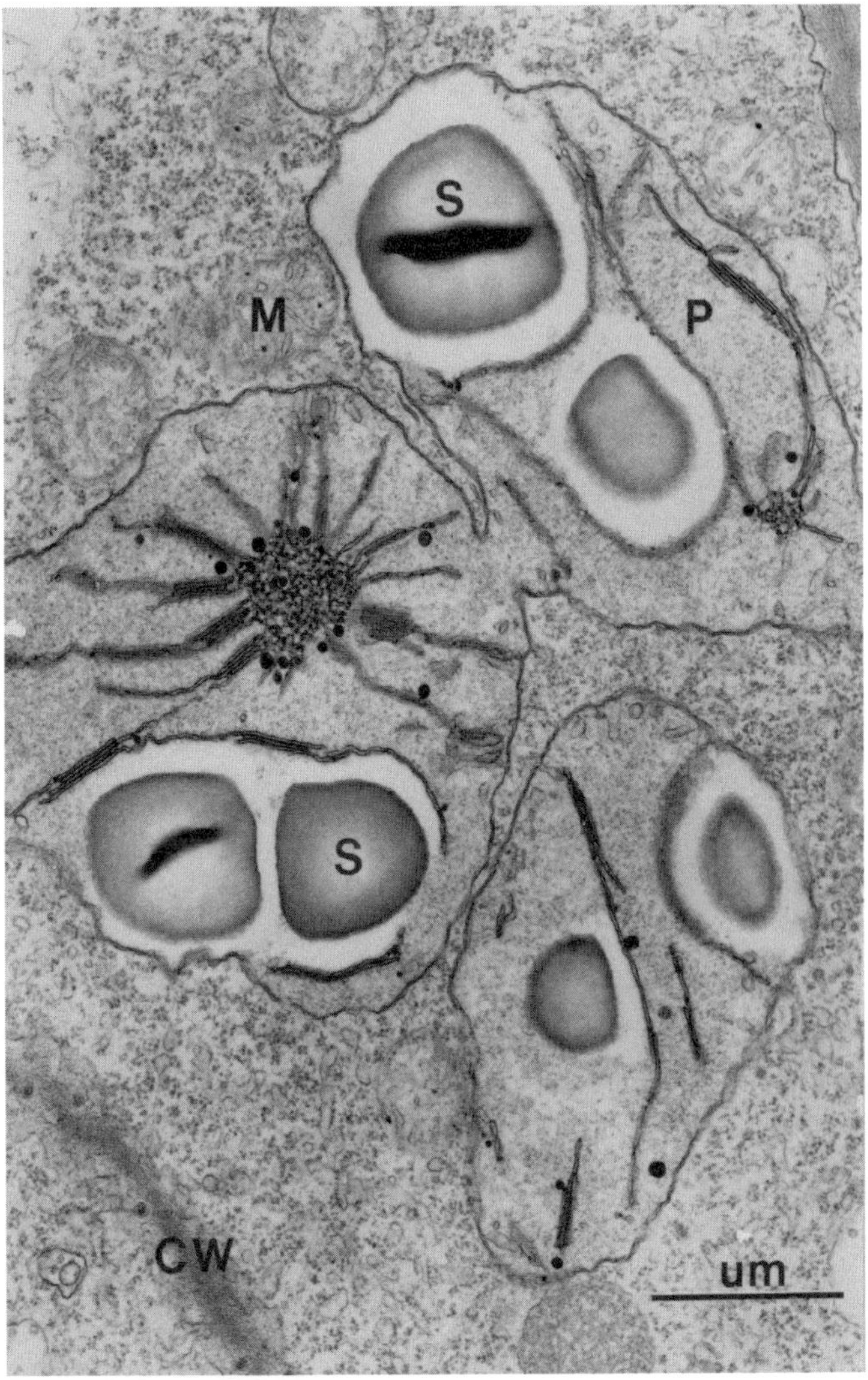

（スケールバーは 1μm）

エンドウ葉の葉緑体形成

暗期から明期になると葉緑体のチラコイド膜が急速に発達して緑色になる。プロラメラボディから緑色のチラコイド膜がつくられているところ。M：ミトコンドリア、P：色素体、S：デンプン粒、CW：細胞壁。

かろうじて可視光です。レタスの種子発芽の実験では、赤色光を照射すると発芽が誘導され、続けて遠赤色光を照射すると発芽は抑制され、さらに続けて赤色光を照射すると、また発芽が誘導されるという具合に、まるで光が「オン・オフ」のスイッチのように作用することが示されました。

さまざまな実験結果をもとに、1950年代にアメリカの植物学者と物理化学者が共同研究を行ない、この赤色光受容体について、いくつか仮説を立てました。一つの色素が赤色光照射によって形を変えて遠赤色光に反応する構造になること、この構造変化は可逆的であることなど、当時としては斬新なものでしたが、のちにすべて実験的に証明され、抽出された赤色光受容体は「**フィトクロム**」と名づけられました。

光があれば発芽する、とは限らない

種子には、光がないと発芽しない「**光発芽種子**」と、逆に光があると発芽しない「**暗発芽種子**（嫌光性種子）」があります。

プランターに種まきをして十分に水もやり、温度もちょうど良いはずなのに発芽しないときは、光の条件が適切でないことが原因であることが多いと考えられます。トマト、サルビア、ワスレナグサなどは種子を少し深めに埋めないと発芽させるのが難しかったとい

●赤色光(R)と遠赤色光(FR)による成長の違い

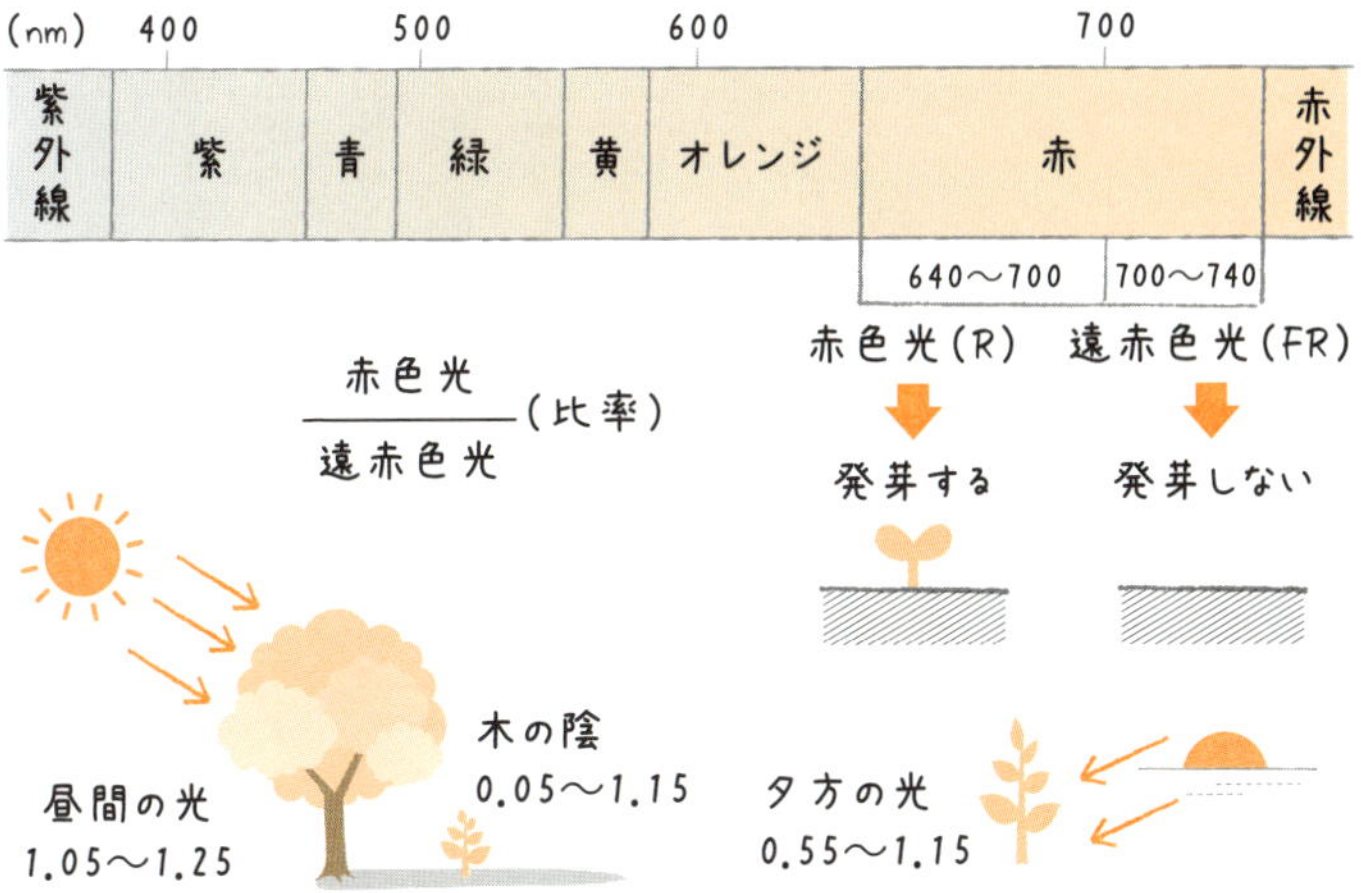

う経験があります。種まきをした後、発芽するまでプランターに新聞紙を載せておくという方法もありますが、新聞紙を外す時期を逸すると芽生えがヒョロヒョロに徒長してしまいます。

逆に、光がないと発芽しない光発芽種子のほうは、レタスやタバコなど小さな種子に多く見られます。種子は発芽後、光のあるところまで成長するための養分を蓄えていますが、小さな種子は貯蔵している養分が少なくて余裕がないので、あらかじめ光が十分にあることを確認してから発芽する必要があるのでしょう。光発芽種子の発芽も暗所での芽生えの徒長も、フィトクロムによってコントロールされます。

実際の光はさまざまな波長の光を含んで

います。赤色光も遠赤色光も同時に含んでいるので、それらの割合の変化を植物は感知し、自らが置かれた状況を判断します。

真昼の太陽光は赤色光の割合が大きいのですが、他の植物の陰にいると、赤色光よりも遠赤色光の割合が大きくなります。その状況をフィトクロムによって感知し、植物は陰から抜け出すためにより高く伸びようとするのです。

自ら動き回ることのない植物ですが、環境情報を感じ取り、状況に合わせて必死に成長の仕方を変えているのです。

04 100年間も発見されなかった植物の「青色光受容体」

青色光受容体

はじめに姿を現した「クリプトクロム」は、茎の伸長成長や、花芽形成、概日リズムに関与。もう一つの「フォトトロピン」は光屈性、気孔の開閉、葉緑体の移動に関与。

青色を感じる「受容体」が見つからない

植物に目はありません。それでも植物は光を感じ、光を構成するいろいろな色を見分けることができます。その光や色の情報をもとに、自分はどこにいるのか、一日の何時頃なのか、季節は夏なのか秋なのか、自分が花を咲かせる時期なのか、といった判断をしているのです。

このような植物の成長や発達をコントロールする光として、前項で述べた赤色光がよく知られています。赤色光／遠赤色光の受容体として、20世紀半ばにフィトクロムが発見され、多くの研究が行なわれてきましたが、その研究は現在でも続けられ、新たな知見が得られています。

一方、植物が青い光を見分けることができることは、19世紀末にチャールズ・ダーウィンが息子のフランシス・ダーウィンと著した『植物の運動力』という本に記述されています。ダーウィンと言えば『進化論』で有名ですが、晩年には郊外で息子のフランシスと一緒に植物の観察を精力的に行なったのです。20世紀末から21世紀にかけて現代の科学的手法を用いて盛んに研究されている植物の生理現象には、光屈性や重力屈性など、ダーウィン父子による植物観察に由来するものがいくつもあります。

陸上植物にとどまらず、藻類、菌類、バクテリアも青い光に反応することが示されましたが、青色光を感知するはずの肝心の「**青色光受容体**」を植物からなかなか見つけることができませんでした。そのため、「隠れている色素」を意味する「**クリプトクロム**」というニックネームがつけられたほどです。

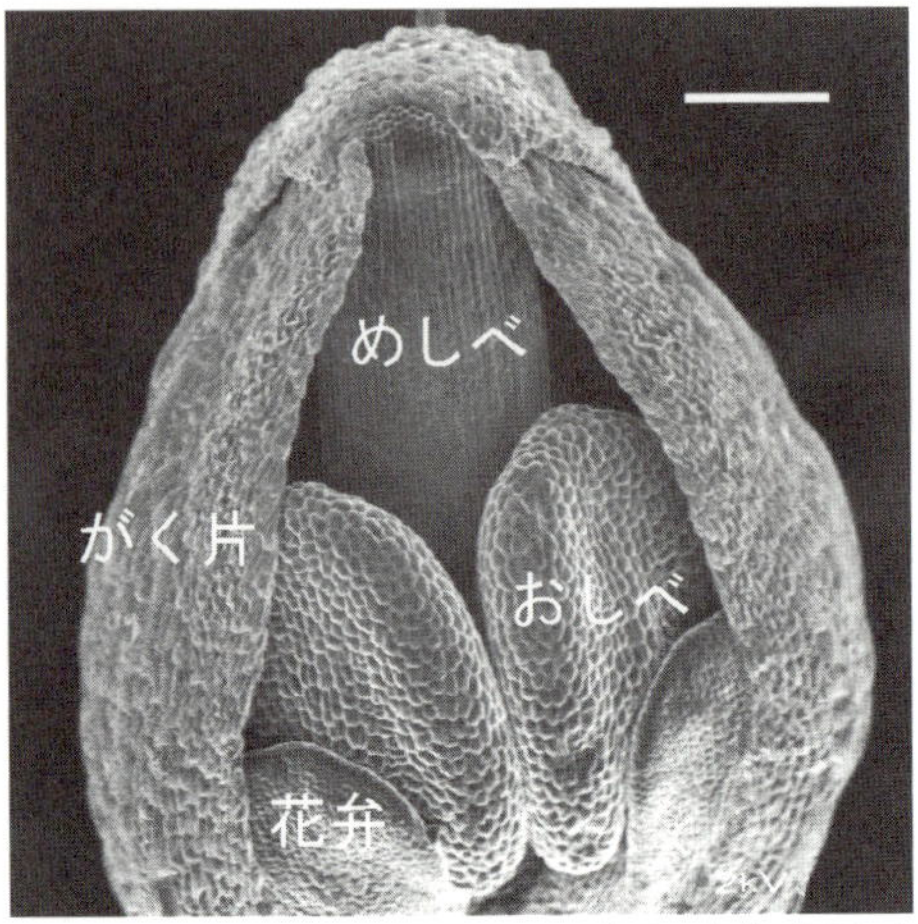

(スケールバーは 0.1㎜)
シロイヌナズナのつぼみ
種子発芽から３週間ほどで花芽が形成される。

モデル植物シロイヌナズナの人気

しかし、20世紀の終わりに、ついに青

色光受容体が見つかりました。その頃、植物の研究に盛んに用いられるようになっていたモデル植物シロイヌナズナを用いた研究からでした。

ちなみに、シロイヌナズナがモデル植物としてよく使われた理由としては、アブラナ科の小さな雑草で染色体の数が少なく、発芽から種子を形成するまでの期間も短いなど、遺伝子を操作した植物を用いる実験がやりやすかったためです。さまざまな特徴をもつ変異体がつくられました。

●モデル植物シロイヌナズナ

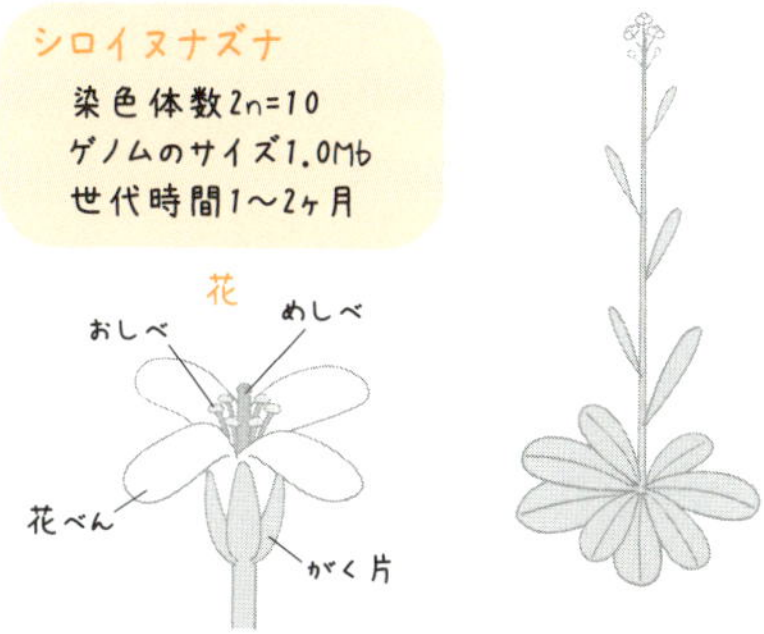

将来性を見込んで小さな雑草であるシロイヌナズナを研究に用いたのは、オランダの研究者でした。私がアメリカで大学院生だった１９８０年代は、分子生物学的な研究手法が広く普及し始めた時期でした。毎週１回開催されていた定例のセミナーで、シロイヌナズナという植物が研究材料としていかに有効であるかを、オランダからの研究者が熱く語っていたのを思い出します。

その後の１９９１年に、アリゾナ州で開催された国際植物分子生物学会のポスター発表の半数以上はシロイヌナズナを用いた研究だったほどです。

● 青色光と胚軸の伸長の関係

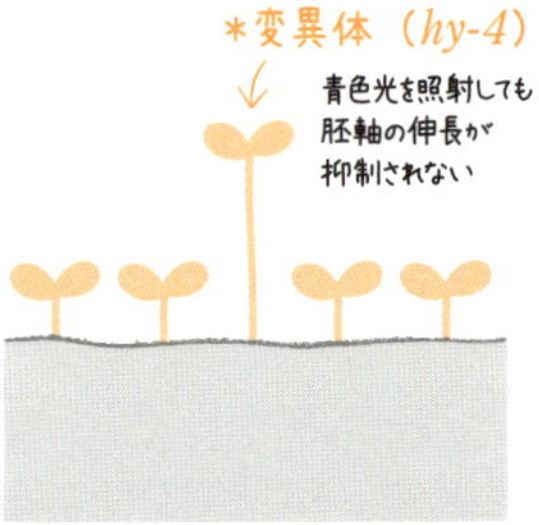
＊変異体（hy-4）
青色光を照射しても
胚軸の伸長が
抑制されない

クリプトクロムの発見

シロイヌナズナを用いて単離された変異体の一つが、「hy－4」です。これは赤色光には通常の反応を示すけれども、青色光には反応しない変異体です。通常、種子から発芽した植物の芽生えは真っ暗闇ではどんどん伸長します。光が当たると茎の伸長は抑制され、子葉は緑色になって展開し、光合成を始めます。茎の伸長のコントロールには赤色光と青色光の両方が関わることがわかっていましたが、青色光を当てても感知することができず、茎が伸長し続ける変異体を選んだわけです。この変異体に欠けている遺伝子を調べたところ、長年探し求めていた青色光の受容体をつくる遺伝子であることがわかりました。

見つかった青色光受容体はその頃に用いられていたニックネームから、「クリプトクロム（cry）」と名づけられました。クリプトクロムは胚軸の伸長制御だけでなく、花芽形成の制御にも関わっていることがわかりました。どちらも赤色光受容体フィトクロムも関与している現象です。

青い光がないと曲がらない

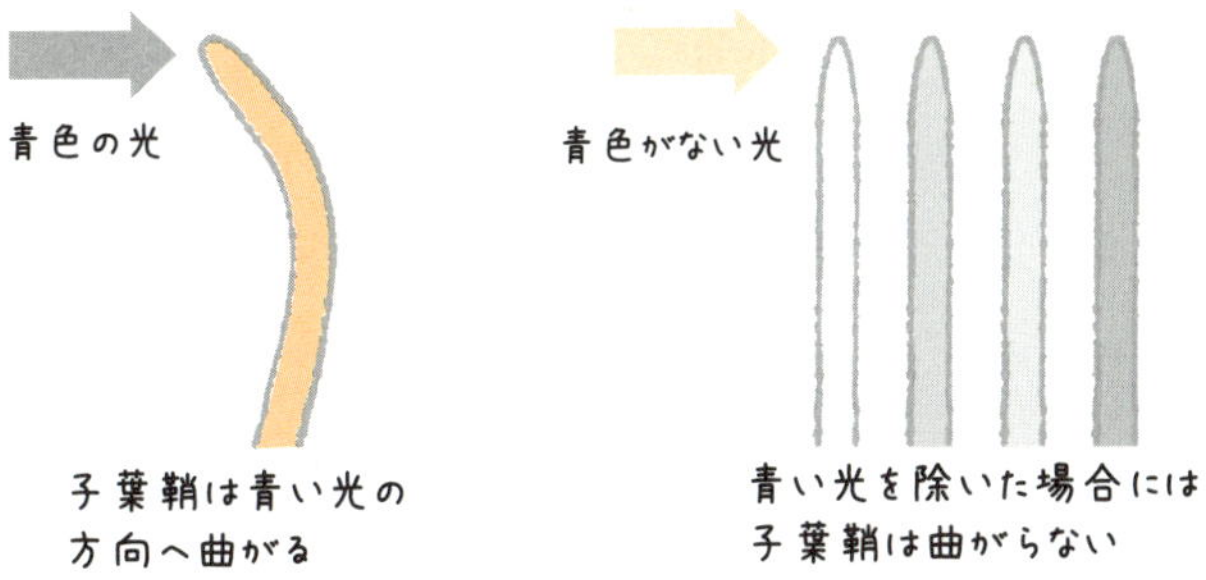
青色の光
子葉鞘は青い光の
方向へ曲がる
青色がない光
青い光を除いた場合には
子葉鞘は曲がらない

もう一つの青色光受容体フォトトロピン

100年以上も隠れていた物質が見つかったのですから、20世紀後半の植物科学分野の大発見です。ところが、科学の歴史ではよくあることですが、ことは当初予想されていたほど、単純ではありませんでした。

クリプトクロムは2種類（cry1、cry2）見つかったのですが、それだけではすべての青色光による反応を説明できなかったからです。特に、クリプトクロムは、青色光による反応としてよく知られていた光屈性に関わる青色光受容体ではないことがわかりました。光屈性というのは、植物が光の方向に屈曲する反応です。窓際に置いた植物の茎が、明るい方向に向かって曲がっていく様子など、見たことがあるでしょう。

光屈性に関わる青色光受容体を探す研究は続けられ、クリプトクロムの発見（1993年）から数年たって、

青色光による葉緑体の運動

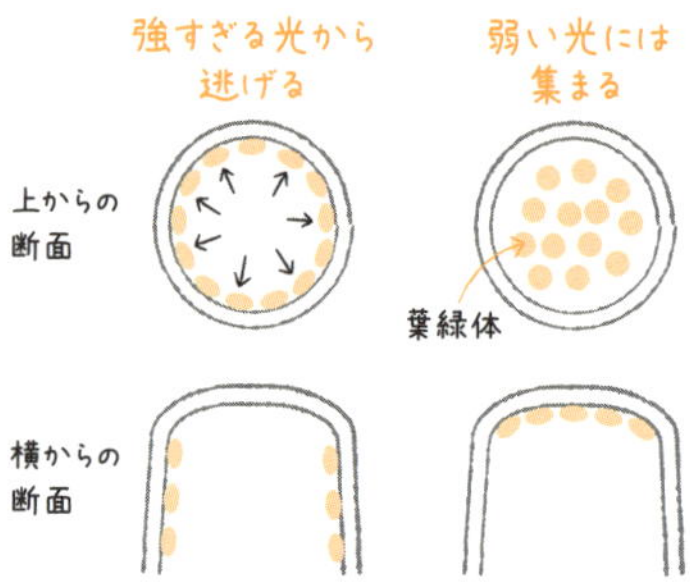

もう一つ別の青色光受容体が発見されました。これも、シロイヌナズナの変異体を用いた研究からでした。この青色光受容体は光屈性を意味する単語から、フォトトロピン（ｐｈｏｔ）と名づけられました。フォトトロピンにも1と2があり、協同して光屈性をコントロールしていることもわかりました。

日本でも細胞内の葉緑体の動きを制御する青色光受容体の研究が行なわれていましたが、この受容体もフォトトロピンであることがわかりました。20世紀の終わりは植物科学の分野ではとてもエキサイティングな発見が続いたのです。

このようにして見つかった青色光受容体ですが、「**概日リズム**」（サーカディアンリズム）の制御に関わっているクリプトクロムは、その後、ヒトを含む動物にもあることがわかりました。現在、クリプトクロムのはたらきを利用した、不眠症や糖尿病の治療、時差ボケの抑制などを目指した応用研究が盛んに行なわれています。

05 ゲーテの「花は葉の変形」を証明した「ABCモデル」

ABCモデル

花の各器官の形成はABCと呼ばれる三つのクラスの遺伝子の組合せで決まる。ABCのすべてが機能しないと葉のようになる。

根や茎は二つの植物ホルモン比率で決まる

「花は葉の変形である」ことを最初に提唱したのはドイツの文豪ゲーテでした。ゲーテは詩人としてだけでなく、植物の研究にも多くの時間を費やしており、『植物変態論』という本も著しています。それから約２００年後、シロイヌナズナの変異体を用いた研究により、「花は葉の変形である」ことが遺伝子のはたらきで説明されました。

私が研究生活をスタートしたのは、日本での植物組織培養発祥の地とも言える研究室だったので、さまざまな培養系を用いた研究に携わってきました。その中の一つがタバコの花柄の培養系です。

今でこそタバコはあまり歓迎されない植物ですが、20世紀には主要な農産物の一つで、タバコを用いた研究は世界的にも盛んに行なわれていました。タバコの組織を培養するために優れた**MS培地**（ムラシゲのM、スクーグのSからの略称）が開発され、この培地は今でもさまざまな植物の「**組織培養**」に活用されています。

タバコの茎を滅菌処理して輪切りにし、植物ホルモン（合成品の場合は植物成長調節物質）のオーキシン（植物の成長を促す）とサイトカイニン（細胞分裂を誘導する）をさまざまな濃度で組み合わせたMS培地で培養すると、組織の断面、表面から葉や根が形成されたりします。オーキシンとサイトカイニンの比率によって、根や茎葉の形成がコントロールされていることがわかります。

未分化な細胞「カルス」

オーキシンの濃度によっては、茎の細胞でも根の細胞でもない未分化な細胞集団をつくることができます。これを「**カルス**」と呼びます。

未分化なカルスの細胞の多くは、球形に近い形をしています。細胞が分化すると、細胞の形がコントロールされるようです。このカルスを、また適当な植物ホルモンと組み合わせて培養すると、根が形成されたり、葉が形成されたりします。根が形成されるときには、まず維管束と根毛が分化することでわかります。葉が分化するときには、表皮がつくられ、

（スケールバーは 1㎝）

タバコの組織培養

適度な植物ホルモンを含む培地で培養すると、茎の切片から葉が形成され（右）、花柄切片から花芽が形成された（左）。

そこに茎頂分裂組織ができて、葉の原基が分化していきます。

花芽が分化する様子

花の咲いているタバコの茎や、花の柄の部分を輪切りにして培養すると、組織の表面から花芽が形成され、つぼみができます。組織片からたくさんの花芽が形成されるので、その過程を容易に観察することができます。葉をつくる組織（茎頂分裂組織）はドーム型をしていますが、花芽が形成されるときはこのドームが平べったく広がり、その上に外側から同心円状に突起が形

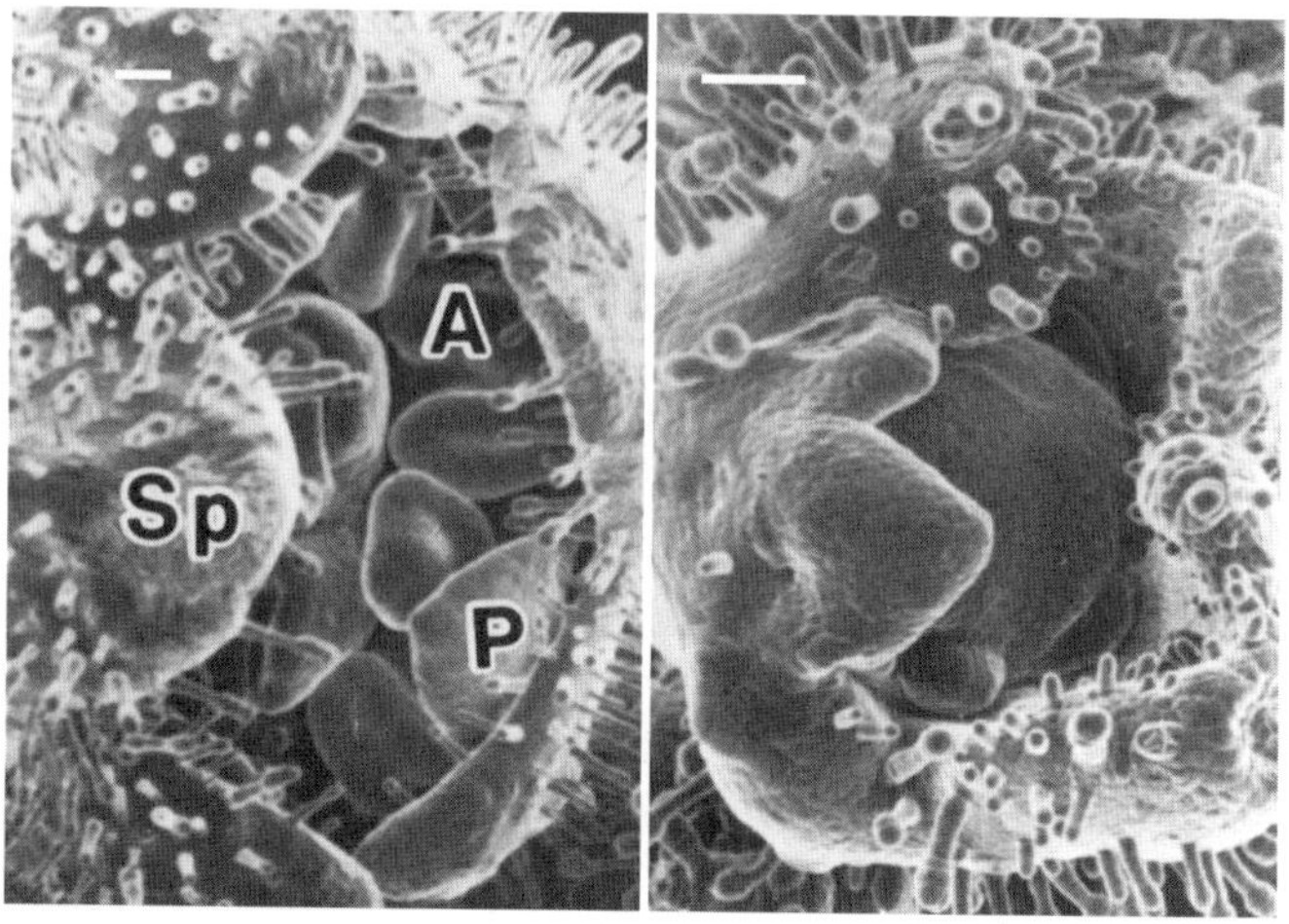

花芽の継代培養　（スケールバーは 0.1㎝）

組織培養で形成された花の花柄切片の培養を繰り返して形成された花芽が発達する様子。右はがく片と花弁の原基が形成されている。左はさらにおしべとめしべが形成されている。Sp：がく片、P：花弁、A：やく。

成されます。

タバコの場合は、はじめにがく片の原基、次に花弁の原基、その後おしべの原基……という順番で、どれも5個ずつの原基がリング状に並んで形成され、それぞれの器官が分化していきます。

最後にめしべの原基ができますが、これは最初にくぼみのような形をつくり、くぼみの縁が発達してめしべの形になっていきます。はじめにできるくぼみ部分は子房として、将来、受精卵から種子を育てる大事な場所になります。

花器官の形成を説明する「ＡＢＣモデル」

培養したタバコの花柄組織からできたつぼみの柄を、また輪切りにして培養することで、花芽を継代培養することができます。ところが、次々と1年以上も培養を続けていると完全ではない花も形成されるようになってきました。

花はがく片、花弁、おしべ、めしべで構成されていますが、このうち、がく片とめしべだけが形成される花芽が増えてきたのです。このことがとても不思議でしたが、この謎は、１９９１年にコーエン、マイロウィッツによって花器官の形成を制御するしくみである「**ＡＢＣモデル**」が発表されると、「なるほど、そうか」と納得できるものとなりました。

コーエン博士はキンギョソウを、マイロウィッツ博士はシロイヌナズナを用いて別々に研究を行なっていたのですが、ほぼ同時期に同様のモデルに行き着いたのです。１９９１年の国際学会での、美しい色鉛筆画をもとにしたスライドによる静かな語り口のコーエン博士と、エネルギッシュで冗談を交えたマイロウィッツ博士の講演はそれぞれの個性とともにとても印象に残っています。

20世紀の終わりにシロイヌナズナをモデル植物とした研究が盛んになり、花の各器官が異常を呈した変異体の解析が次々と行なわれました。おしべばかりになった「スーパーマン」や、すべて葉のようになった「リーフィー」など、その姿もネーミングも印象的なものでした。

　これらの研究を経てABCモデルがつくられました。異なる三つのクラス（A～C）の遺伝子の発現の組合せで花の各器官の発生が制御される、というものです。
・クラスAの遺伝子が単独で発現…「がく片」ができる
・クラスAとクラスBが発現…「花弁」ができる
・クラスBとクラスCが発現…「おしべ」ができる
・クラスCが単独で発現……「めしべ」ができる
ということは、花弁とおしべの形成にはいずれもクラスBの遺伝子の発現が関わっているということ。ですから、クラスBの遺伝子に異常が発生すると、花弁とおしべの形成に同時に異常が見られることになります。

●植物の各器官の決定はABCモデル図でわかる

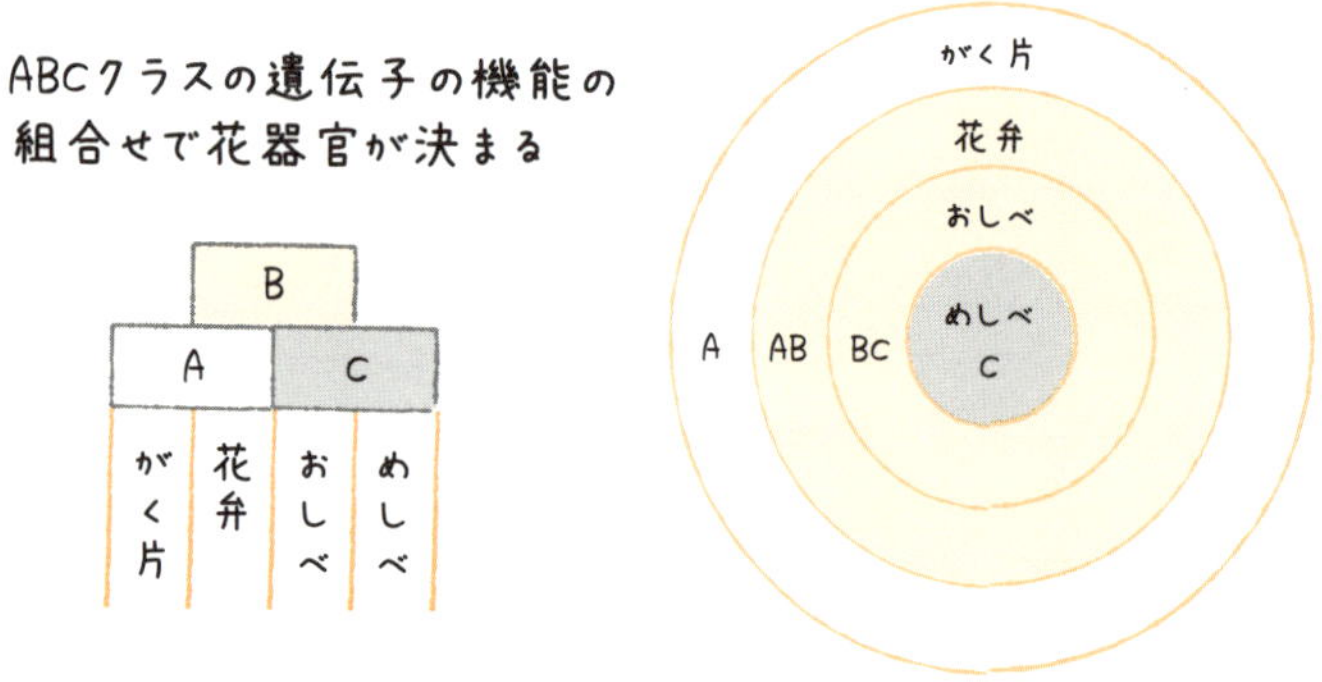

花芽を誘導する植物ホルモン「フロリゲン」

花を咲かせる植物ホルモンの存在は1930年代から予想されており、「**フロリゲン（花成ホルモン）**」と呼ばれていました。例えば、アサガオは一定時間以上の暗期が続くと花芽が形成されますが、光の周期を感じるのは葉の部分であり、葉から花芽が形成される部位まで移動する伝達物質フロリゲンが存在すると考えられました。

そして、ほぼ70年後の1999年に京都大学の荒木崇教授らによってフロリゲンと見られる**FTタンパク質**の遺伝子が発見されました。その後、シロイヌナズナで見つかったFTタンパク質は葉でつくられた後、篩部を通って茎頂分裂組織に運ばれ、そこで花芽形成遺伝子の活性化に関与することが示されたのです。FTタンパク質はイネの花芽を誘導するフロリゲンであることもわかりました。フロリゲンがはたらくしくみについての研究は現在も続けられています。

さまざまな日周期や気候条件下で、イネなどの作物の開花時期を自由にコントロールすることができるようになると、実をつけるまでの時間を十分に確保することができるのです。フロリゲンが活躍する日も近いかもしれません。

06 ウニの「調節卵」は生物学発展の貢献者

調節卵

ウニやヒトの初期胚のように、一部の細胞が失われても、残った細胞で調節して完全な個体を産み出す能力がある卵のこと。

前後のない「棘皮動物」

磯に行き、石をひっくり返すと、ウニやヒトデを見かけることがあります。運が良ければ、ナマコやクモヒトデを見つけることもできるでしょう。

彼らの形は大変ユニークです。五放射相称型といって、五角形をしています。ウニは丸いように思うかもしれませんが、ウニ殻という白い骨をよく観察すると、五角形であることがわかります。

自然界でよく見かける動物の多くは、頭と尾（あるいはお尻）という〝前後〟があります。一方、ウニやヒトデは、前後をもたない動物のグループで、「棘皮動物」と呼ばれます。彼らの外見もユニークですが、内部も変わっています。海水を体内に取り込んで、その水圧で足を延ばして歩行したり、エサを捕まえたりします。このしくみを水管系と言いますが、海水でのみ機能するので、棘皮動物は海以外には棲息できないのです。

ちなみに、棘皮動物はユニークな体のつくりをしていますが、意外なことに無脊椎動物の中では私たちヒトに近い動物だということがわかっています。

●棘皮動物の仲間

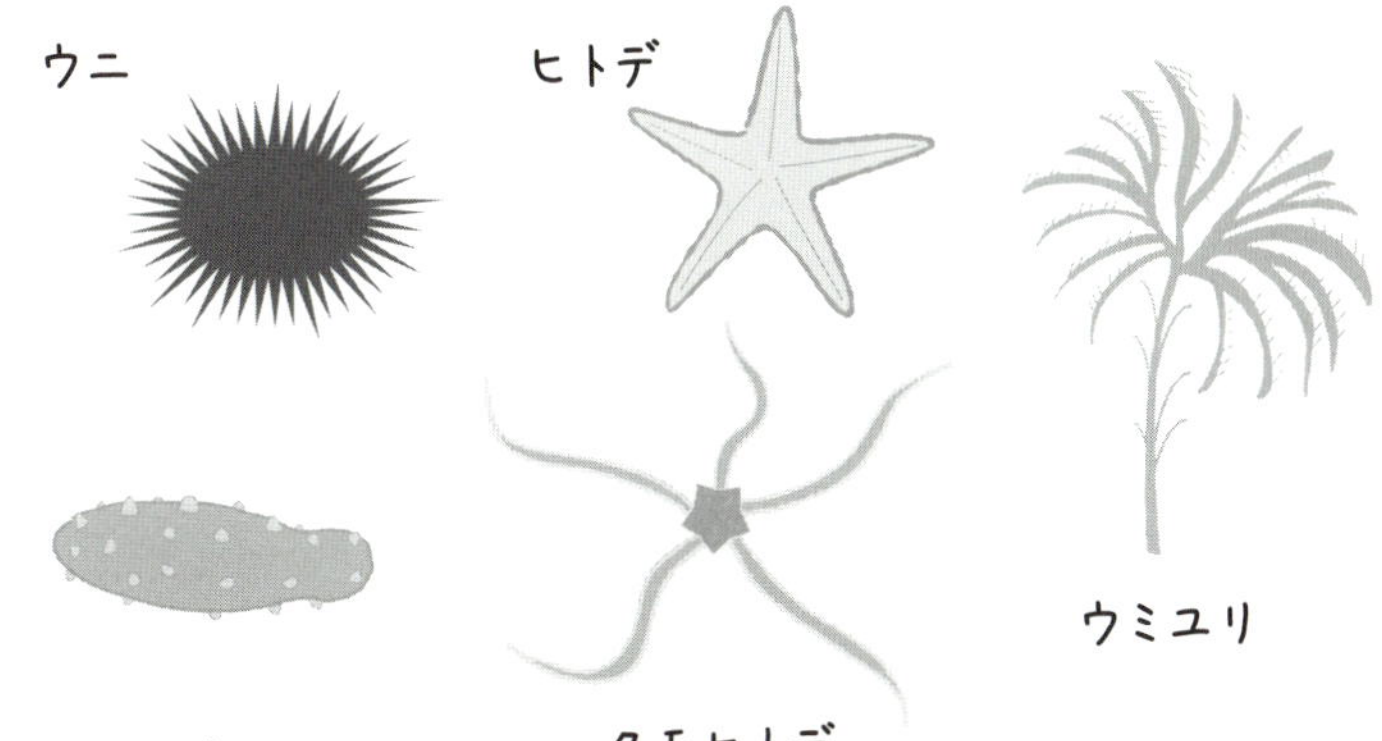

ウニが教科書に載る二つの理由

ウニはカエルと並んで、高校生物の教科書で発生の様子を学習するお馴染みの動物です。最近では、中学理科の教科書の細胞分裂のところに、ウニの卵が二つの細胞へと分かれる様子が掲載されています。

なぜ、ウニは教科書でお馴染みなのでしょうか。それは、ウニの場合、卵と精子を簡単に取

●ウニの細胞シートの立体化

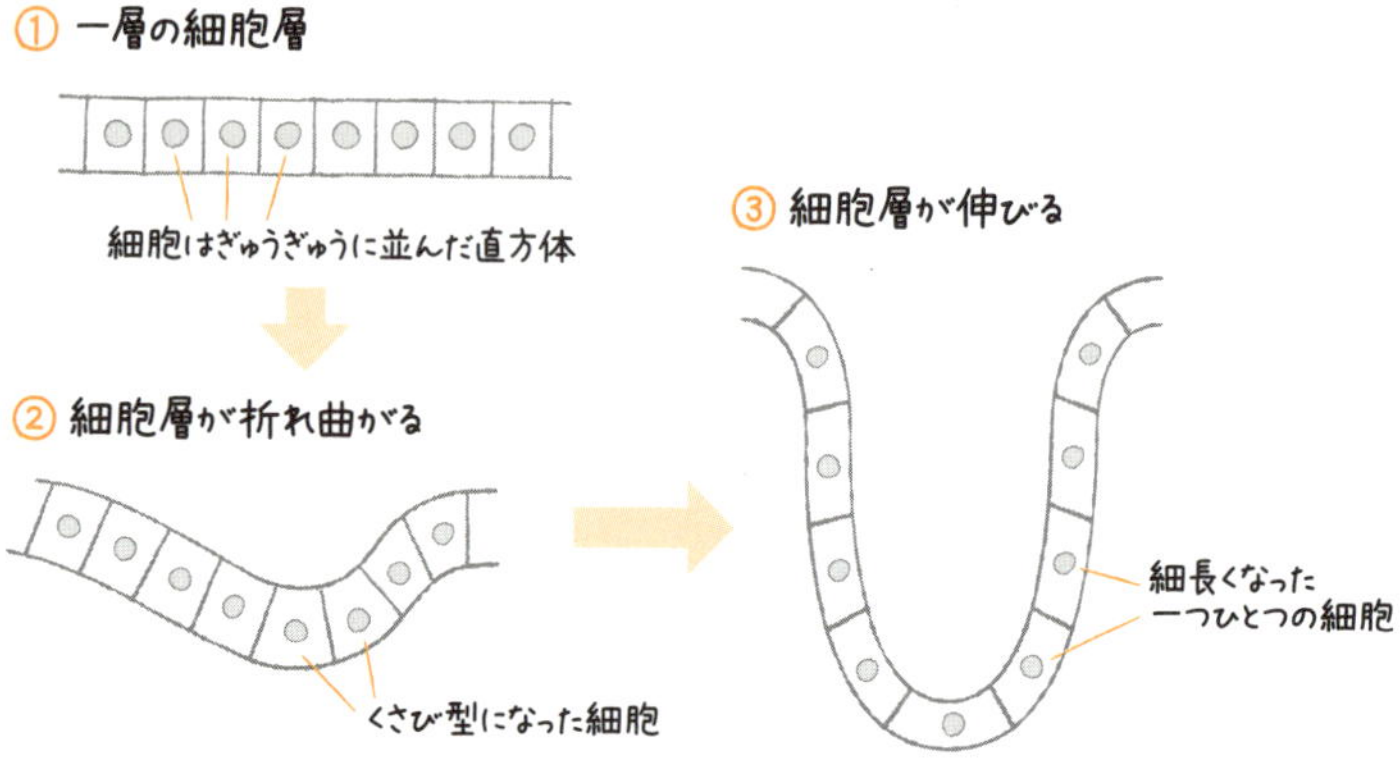

① 一層の細胞層
細胞はぎゅうぎゅうに並んだ直方体
② 細胞層が折れ曲がる
くさび型になった細胞
③ 細胞層が伸びる
細長くなった
一つひとつの細胞

り出して、受精させることができるからです。哺乳類は体内受精なので、メスのお腹から卵を取り出すのは大変難しいことです。また、体外受精の動物でも、卵や精子を簡単には産んでくれませんし、解剖して体内から取り出しても、卵や精子が成熟しているとも限りません。そもそも受精とは、子孫を残すための大事なイベントなので、生殖活動を他の動物に知られたくはないはずです。

ところが、ウニは例外的にオープンに受精を見せてくれるのです。数百万個の卵を産むわけなので、そんなことくらいケチらないということなのかもしれません。

中高の教科書に掲載されるもう一つの理由は、胚や幼生が透明であることです。透明であるがゆえに、胚の内部でどんなことが起きているのか、生きたまま顕微鏡で観察することができます。

一卵性双生児のできる理由

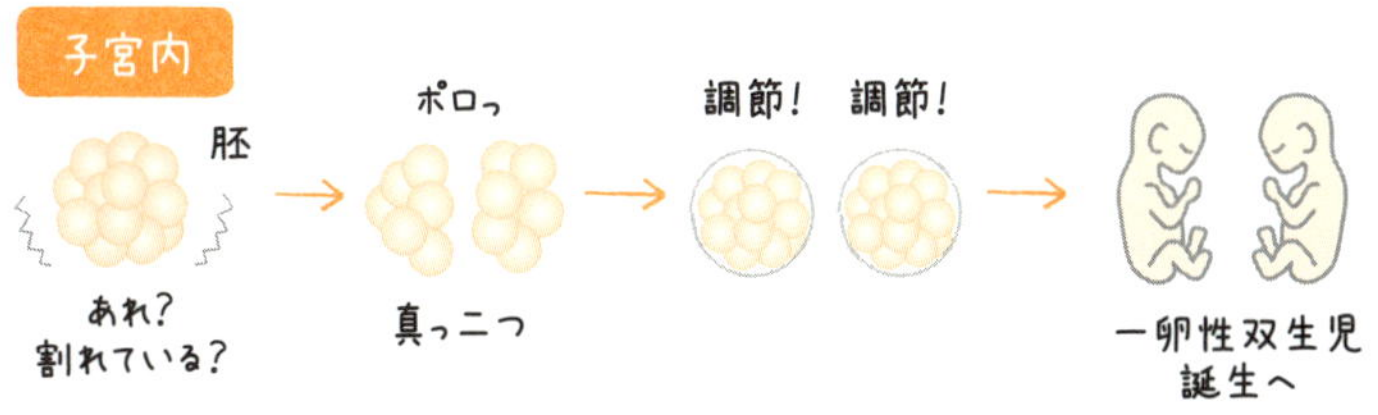

発生の様子を観察すると、最初は次々に細胞分裂が起きて、細胞数が増加します。そのうち一層のシートになります。その後、ダイナミックに細胞のシートが引き伸ばされたり、折りたたまれたりして、細胞の特殊化が起きます。ウニの場合は、一層の細胞が並んだ風船のような丸い形をした胞胚の一部が、グイっと内部に入り込んで管をつくります。この管のことを**原腸**と言い、将来の消化管になります。ダイナミックな細胞の動きも容易に観察できることが、教科書に載る理由なのです。

一卵性双生児が産まれる理由

このように、簡単に発生させて観察できることから、ウニは古くから発生学の研究に用いられてきました。ウニの研究を歴史的に振り返ってみると、大きな発見が多々あります。1891年、ハンス・ドリーシュはウニの卵が分裂して2細胞になったとき、二つの細胞をバラバラにして飼育する実験を行ないました。すると、どちらの細胞からも完全な形のウニの幼生ができました。初期の細胞はまだ将来何になるかが決まっていない状態であり、かつ失った部分を補うように調節することができる、ということを発見したのです。

このような、調節性をもつ卵のことを**調節卵**と言います。すべての動物の卵が、調節性をもっているわけではなく、初期に細胞をバラバラにしたときに、不完全な幼生が生じる卵をもつものもいます。このような卵を、**モザイク卵**と言います。

ヒトの卵子は、比較的長い間調節性を保っている調節卵です。一卵性双生児は、ヒトの卵子が調節卵であるおかげで産まれると言えます。お母さんの子宮の中で、胚が何らかの衝撃を受けて、ポロッと二つに割れたとしても、ヒトの卵には調節性があるため、それぞれが失った分を補い合うことによって、二つの完全な胎児に育つことができるのです。

免疫学の発展に寄与してきたヒトデ胚

ウニだけでなく、ヒトデも簡単に発生させて、透明な胚や幼生を観察することができます。ヒトデの胚は、免疫学に大きな貢献をしました。19世紀後半、免疫学の分野ではコッホやパスツールによってワクチンがつくられるようになり、人類は感染症に対抗できる大きな武器を手に入れました。

私たちの血液の血しょう（液体成分）には抗体が存在していて、細菌を退治してくれます。つまり、免疫とは血しょう成分によるものだとみなされていました。そして、血球はと言うと、悪い病原菌を運んで感染症を増大させるものである、と考えられていました。

これに異を唱えたのがロシアの科学者イリヤ・メチニコフです。彼は細胞が病原菌を捕まえて食べてしまうことによって、生体を防御するしくみがあると主張しました。細胞が異物を食べることを「**食作用**」と呼びます。メチニコフは、ヒトデの胚内にバラのトゲを異物として挿入したところ、細胞が寄ってきて異物を包囲する様子を観察したことで、「食作用」を発見しました。

その後、メチニコフ、コッホ、パスツールの３人は和解し、生体防御にとって血液の細胞と血しょうは両方とも大事である、ということになりました。メチニコフは、１９０８年にこの食作用の発見でノーベル生理学・医学賞を受賞しています。

ウニやヒトデは、一見、私たちとはまったく違う体の構造をしていて、異なる生活様式をとっているように見えます。しかし、体が透明であったり、容易に発生観察できるなど、その動物の特徴を生かした研究を行なうことで、細胞分裂の様子を学んだり、感染症のメカニズムを理解できたりしたのです。

このようにまったく無関係に見えるウニやヒトデですが、これらの動物の体のしくみを通して人類の役に立つ発見が生まれてきたのです。

PART 7

「生物学」の隠れたエピソード

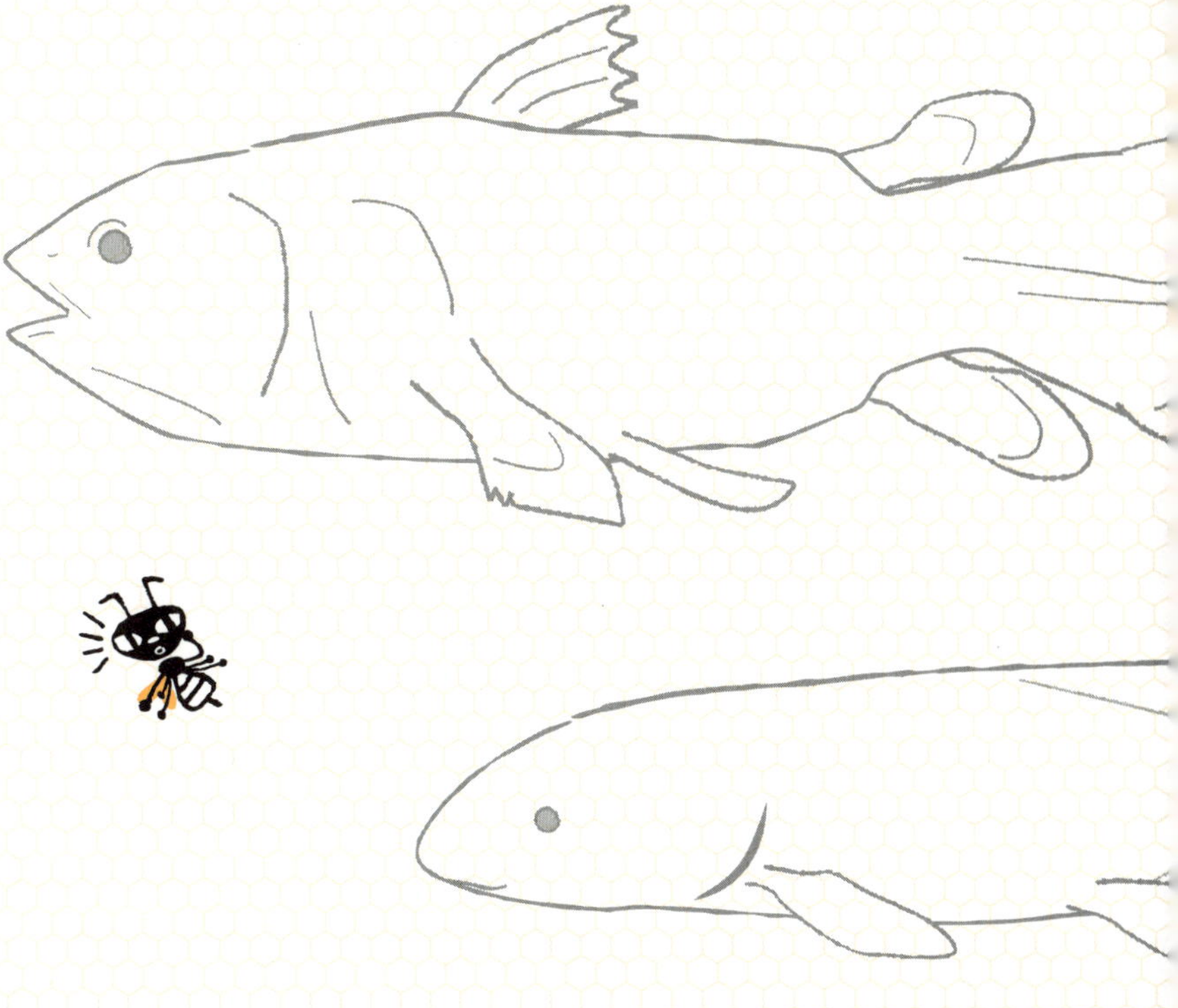

01 三毛猫でたどる「クローン」の正体

クローン

遺伝的に同一である個体群のこと。単細胞生物のように、無性生殖によって増えた個体群を意味するだけでなく、近年のバイオテクノロジー技術によってつくり出された遺伝的に同一なクローン動物のことも指す。

すべてをコピーした人間は誕生するのか？

１９９７年にスコットランドのロスリン研究所で、クローン羊が誕生しました。「**クローン**」とは本来は「挿し木」のことで、古くから農業や園芸分野では利用されてきました。動物では１８９１年に人工的なクローンウニ（棘皮動物）が、さらには１９６２年に核移植によるクローンカエル（両生類）もつくられました。

そこに哺乳類であるクローン羊が誕生したことで、「次はクローン人間も可能ではないか」と、大きなニュースになったわけです。しかし、本当に自分とまったく同じ人間をつくることができるのでしょうか。容姿だけでなく性格や頭の良し悪しなど、すべてをコピーした人間が誕生する可能性はあるのか。

この疑問の解消には、動物の誕生のしくみを理解することと、意外かもしれませんが、三毛猫について理解することで、納得した答えが得られるかもしれません。

奇跡の確率で産まれたドリー

一般的に生物は、1組の遺伝情報を持っています。言い換えると、私たちの体をつくっているすべての細胞には父・母の二人から譲り受けた、二つで1組の染色体が入っているということです。しかし、これには例外があって、精子や卵子のもととなる細胞には1組の遺伝情報が入っていたわけですが、成熟する過程で減数分裂が起きて、一つの遺伝情報だけが精子や卵子に入るわけです。そして、自分と生殖を行なう相手との精子と卵子が融合したときに、再び二つ1組の遺伝情報になります。子供が、半分は父親譲りでもう半分は母親譲りであるのは、遺伝情報の等分の貢献があるからです。

このような自然界の原則を反故《ほご》にして、クローン羊ドリーは母親と完全に一致した遺伝情報を持つように操作されて人為的に産まれました。どのように誕生したかと言うと、精子と卵子が融合して、二つ1組となった遺伝情報を極細の針で吸引して完全に取り除き、新たに母親の乳腺細胞から取り出した1組の遺伝情報を移植する操作を加えたのです。

この実験操作は顕微鏡下での微細な作業のため、２００例に1例程度しか成功せず、奇跡的に産まれたのがドリーでした。この実験成功のニュースは世界中を駆け巡り、多くの研究者がクローン動物の作出に着手しました。そして、実験手法を改良してより効率的にクローン動物をつくり出す方法を開発したり、他の哺乳類のクローン作出への展開が行なわれました。

ブランド牛、ペットのクローン、相次ぎ失敗

特に精力的に研究が進んだのは、家畜と家庭用ペットにおいてでした。品種改良によってつくられたブランド牛を、クローン技術で増殖しようとする試みが行なわれ、良い肉質をもつ牛や乳量の多い牛を大量に生産できる可能性が出てきました。また、家族の一員として大事にしてきたペットの死を乗り越えられない人のために、クローンペットを作出するベンチャー企業も誕生しました。

クローン羊ドリーの誕生から20年ほど経過しましたが、科学技術として素晴らしいはずのクローン技術は、残念ながらそれほど私たちの身のまわりに普及していないのが現状です。クローン牛については消費者による安全面の同意が得られず、今も市場には出回っていません。クローンペットについては、料金が高額だっただけでなく、「もとのペットと

クローンなのに全然違う三毛猫

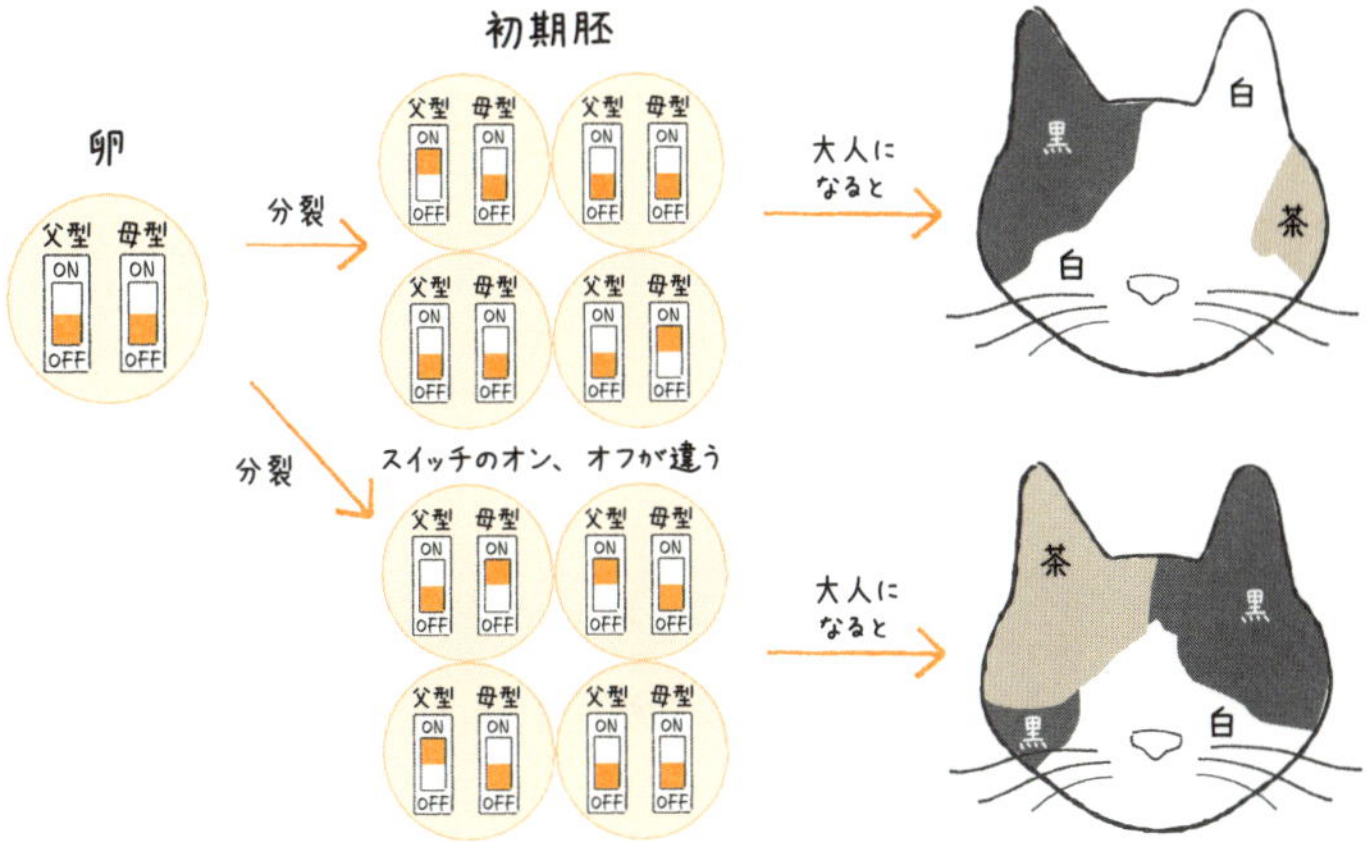

似ていない！」という顧客の苦情や失望があり、ペット産業に広まらずにベンチャー企業は倒産してしまいました。特に三毛猫は、クローンをつくったとしても、もととはまったく別物となってしまいました。

三毛猫クローンとX染色体の不活性化

三毛猫は、白、黒、茶の3色の毛色からなりますが、1匹として同じ模様の猫はいません。ほとんどの三毛猫はメス猫と決まっており、オスが産まれるのは3万匹に1匹の確率だそうです。江戸時代は航海の守り神として、オスの三毛猫が重宝されたと言われています。以前、テレビ「なんでも鑑定団」でオスの三毛猫が登場し、なんと300万円もの高値がついていました。

三毛猫は人間と同じく性染色体を二つ1組もっていて、オスはX染色体とY染色体、メスはX染色体とX染色体です。そして、三毛猫の毛色が黒か茶かを決める遺伝子は、このX染色体上に乗っています。メスはX染色体が二つあるため、どちらかのX染色体のはたらきをオフにしなければなりません。これを「X染色体の不活性化」と呼んでいます。

どちらの染色体がオフになるかというのは、卵の段階では決まっていなくて、その後、発生が進むと、モザイク状に不活性化が起こります。この不活性化のしくみはランダムで、ある細胞ではたまたま母から譲り受けたX染色体がオンになり、別のある細胞ではたまたま父から譲り受けたX染色体がオンになったりします。つまり、同じ遺伝子をもっていたとしても、遺伝子のはたらきのオン&オフがランダムに決まることで、三毛猫のクローンはまったく別の模様になってしまうのです。

遺伝子のオン・オフは生まれた後に決まる!

三毛猫は一つの例として挙げただけで、この他にも遺伝情報の活性化に関するさまざまなしくみがあります。同じ遺伝情報をもっているクローンであっても、一つひとつの遺伝子のスイッチがオンになるかオフになるかは、生まれる前から決まっているわけではありません。クローンそれぞれが生まれた後どのような時代や環境を過ごし、どんな仲間と接したかによって遺伝情報の活性化が大きく変わってくるのです。

ここまで話をすれば、クローン人間とはどういうものか、おおよそ検討がつくでしょう。つまり、クローン人間は染色体や遺伝情報といった枠組みが同じものになるけれども、その後、どのような人間に成長するかはわからない、ということが理解できたのではないでしょうか。

完全なコピーをつくりたいのであれば、タイムマシーンをつくって過去にさかのぼり、自分と入れ替えて、同じ時代、同じ環境で育成しなければ無理だよね、というパラドックスに陥ることになるのです。

クローンへの期待が大きかったにもかかわらず、実際には受け入れられなかったこと。それは、たとえＤＮＡが同じでも「環境次第で変わりうる」という見方を教えてくれました。「ＤＮＡ次第で決まってしまう」のではなく、その後の生活の送り方次第で変わるのだということは、我々に大きな希望を与えてくれるのではないでしょうか。

02 人気・不人気が分かれる「生きた化石」

生きた化石

長い年月にわたり、形態的特徴をほとんど変えずに現在まで生き延びている生物。それに加えて、祖先は繁栄したものの、現在では子孫の仲間が細々としか生きていないもののこと。ダーウィンによって、はじめて用いられた用語とされている。

「大きくてレア」が人々を惹きつける！

生物としての「サイズが大きい」ことは、それだけで多くの人を魅了するパワーがあります。カエルもウシガエルになると仰天しますし、ジンベイザメはその巨大さで水族館の人気者です。同じように、奈良の大仏、お台場に置かれた実物大のガンダムなどの人気も、〝レア〟というだけでなく大きいことが最大の理由でしょう。

動物に関してもこれらの要素は当てはまります。ダイオウイカの生きた映像がテレビ番組で取り上げられて以来、日本中でダイオウイカ・ブームになりました。これまでは「食べられない。食べてもまずい」と捨てられていたのに、今では「ダイオウイカ発見！」とニュースで取り上げられます。

時折、私自身も研究のために漁船をチャーターして深海生物の採集調査に出かけることがあります。漁師さんに船から引網を下げてもらって、水深100〜200mの生物を採集するのです。漁師さんのお目当ては、深海のタラバガニやアカザエビですが、私のお目当ては、商品価値のないとされる深海のウニやウミユリです。もちろん、ダイオウイカや、**〝生きた化石〟**として名高いシーラカンスにはお目にかかったことがありません。

「**シーラカンス**」は全長1〜2mにも及ぶ大型の魚類ですが、マダガスカル沖やインドネシア沖の深海に細々と生息しているだけで、潜水艦で調査をしてもなかなか遭遇できないほど個体数が少ない古代魚です。

サイズが大きくてレア、そして〝生きた化石〟とくれば、シーラカンスが人気者にならないわけがありません。ちなみに、シーラカンスとは種名ではなく、現生種も化石種も含めたグループ名のことです。

化石が見つかった生物には共通点がある

一般に、昔の生物が化石として残っているので、生物は死ねばみんな化石になると思い込んでいる人がいますが、そんなことはありません。実際、動物が死んで化石になることは、滅多に起こりません。まず動物が死ぬと、その体はすぐに腐敗していきます。腐敗するということは、微生物によって分解され、最後には骨までなくなってしまうことを意味します。ゆえに、化石になるためには、死体がすぐには分解されない環境に置かれる必要があります。

例えば、火山灰で一瞬のうちに埋もれてしまったとか、タールの底なし沼に沈んでしまったとか、そのような特別な境遇に置かれなければなりません。しかし、これらは死んで化石になるというより、生き埋めになって化石になるといったほうが近いものです。天寿を全うせずに生き埋めにされた動物たち。化石を眺めると、動物たちの苦しみの形相が目に浮かんでしまいます。

この「化石になることは滅多にない」を裏返すと、化石が発見されたということは「かつて、その生物が大量に生息していた」という証拠です。シーラカンスは生きた化石と呼ばれていますが、4億年前から6500万年前まで、類似した魚が生息していたということが化石記録で明らかになっています。つまり、この期間にシーラカンスは大量に生息していたが、その後、個体数が急激に減ったか、あるいは絶滅したということです。〝大量に〟というのがポイントで、当時、自分が生きていたなら、子供が「シーラカンスの煮つけはもう飽きたよ～」と言い出すくらい、馴染みの深い魚だっただろうということです。

人気のシーラカンス、不人気のハイギョ

シーラカンスは〝生きた化石〟としての関心の高さも手伝って、そのゲノム解析が行なわれ、2013年には全ゲノムDNA配列が解読されました。これによって、シーラカンスがどのような遺伝子を持っているのか明らかになります。また、シーラカンスの遺伝子とイモリやカエルなどの両生類の遺伝子とを比較することで、魚類から両生類がどのように進化したのか、陸上へと生息域を広げたのか、謎を明らかにすることが期待できます。

　ゲノム解読で明らかになったこととして、現存する魚類の中で、両生類に最も近いのはシーラカンスではなく、ハイギョであることがわかりました。ハイギョとはアメリカ、アフリカ、オーストラリアに生息する魚類の総称で、肺呼吸で生活し、乾季の干上がった場所では土の中で休眠し、雨季まで生き抜

2つの生きた化石

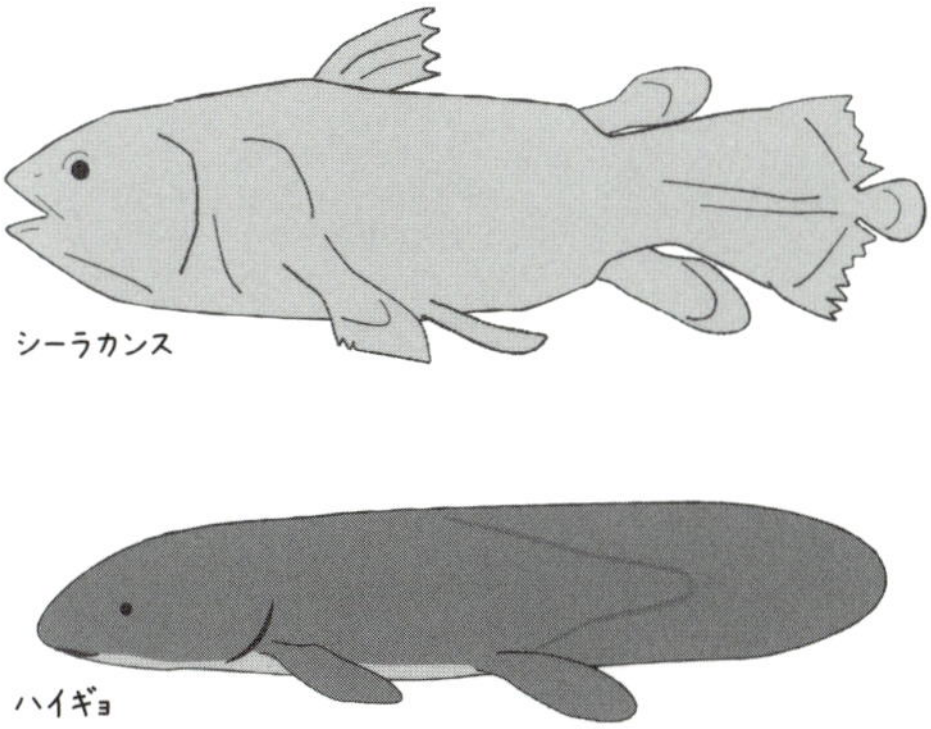

くことができます。

ハイギョは肺をもっていること、鼻から口につながる内鼻孔をもっていることが陸上の脊椎動物と共通しており、また化石記録が豊富に残っていることから、昔から〝生きた化石〟として知られていました。それに加えて体のサイズが全長1～2mと大きく、地球上にたった6種しか生息していないことや、オーストラリアのハイギョは絶滅危惧種であることなどから、熱帯魚ショップでは高値で取引されています。

しかし、同じ〝生きた化石〟でありながら、なぜかシーラカンスほど知名度が高くありません。シーラカンスにはあって、ハイギョにはない魅力とは何でしょうか。私は、ずばりシーラカンスが深海に生息していることだと考えています。深い海の底で人知れず生き永らえてきたという「あやしげな魅力」がシーラカンスにあるからではないでしょうか。

〝生きた化石〟と呼ばれる生物は、シーラカンスやハイギョ以外にも、実はたくさんいます。しかし、その中でシーラカンスは代名詞的な存在として、まさに不動の地位を占めています。同じように見えても、人気・不人気があるのは動物の世界だけでなく、人間社会でも同じです。人々を魅了する「プラスアルファ」があるか否か、その差が両者を分けるのでしょう。

03 「チャンピオンデータ」とメンデルの法則

チャンピオンデータ

実験によって出てきた数多くの試験データの中から、ベストデータのみを用いること。

メンデルの研究への二つの疑惑

メンデルがエンドウから明らかにした遺伝の法則を論文にしたのは、1866年のことでした。しかし、チェコの田舎町の研究者が書いた論文なんて、誰も見向きもしません。メンデルの研究が日の目を見ることになったのは、死後16年もたった1900年のことでした。

現在、メンデルの研究は非常に高く評価されています。しかし、意外かもしれませんが、その研究結果に対する疑惑は少なからずあります。もちろん、「疑惑」と言っても、2014年に話題となったSTAP細胞のように、でたらめな実験で研究結果をねつ造した、というものではありません。

メンデルの法則はウソではなく、確かに正しい。しかし、メンデルの研究結果は、どうも「キレイすぎる」という疑惑です。法則としてキレイで何が悪いというのでしょうか。メンデルはエンドウから対立形質を示す22種の品種を見つけたのに、そのうちの7種だけを選んで実験を行ないました。なぜ、22種全部ではなく、7種だけだったのでしょうか。

メンデルが明らかにした独立の法則とは、「配偶子が形成されるとき、対立遺伝子はそれぞれ独立して行動する」というものです。もし二つの対立遺伝子が同じ染色体上にある場合、二つの対立遺伝子は行動を共にするため、この独立の法則に適合しません。メンデルがランダムに選んだ7種の対立遺伝子は、ほとんどが別々の染色体に乗っていたため、独立の法則が成り立ったのです。

メンデルの死後、エンドウには7本の染色体しかないことが明らかになりました。7種の対立遺伝子のほとんどがたまたま別々の染色体に乗っていたのか、あるいはメンデルの法則に合わせるように実験を組み立てたのではないか…、そんな疑問がもたれています。

丸い種子をもつ純系と、しわの種子の純系を交配させた実験は有名ですが、この実験にも疑惑がもたれています。この二つの純系を交配させると、雑種はすべて丸い種子をもつようになり、次にこの雑種同士を交配させると、丸い種子に加えて再びしわの種子が誕生します。丸としわの種子の数をカウントすると、丸が５４７４個、しわが１８５０個で、比率は74・8％と25・2％、ほぼ3：1になっているという点です。他の対立形質についての実験も、ほぼ3：1です。つまり、実験データと理論値があまりにも接近しすぎている点です。

実は、法則がたとえ正しくても、その法則を示すデータというのは、通常バラツキを伴うものです。メンデルの結果を統計学的に計算してみると、理論値の3：1と、実際の測定値との〝ずれ〟が、偶然起こりうるよりも小さすぎるという結果になりました。

チャンピオンデータの使い方

もしかするとメンデルは、理論値になんとか適合させなくてはならないと考え、法則に都合の良い結果だけを集めたのかもしれません。数多くあるデータの中から、ベストデータだけを用いることを「**チャンピオンデータ**」を用いると言います。

実は、このようなチャンピオンデータというのは、科学の世界だけの話ではないので注意が必要です。例えば、ダイエットサプリで「1か月で10キロ減量！」という広告があったとすると、これはチャンピオンデータの可能性が大です。

確かに、チャンピオンデータはねつ造や改ざんではなく事実ですが、それを使うかどうかは、使い手の良心にかかっているのではないでしょうか。

おわりに

私たち人間は、古くから動物を飼育し、時には品種改良を行なって、動物を家畜として利用してきました。例えば、イヌは1万年以上も前にすでに人間が飼育して狩猟に使っていたことがわかっています。家畜として利用するだけでなく、動物に対する純粋な興味からイヌやネコを飼育し、オオカミなどの動物の観察もしてきたことでしょう。

では、動物を「観察対象」から「学問の対象」として見始めたのはいつ頃のことでしょうか。紀元前にアリストテレスが動物学の記述を残していますが、体系的な学問として言えるのは、中世になってからです。なぜなら、動物のユニークな形をよく観察し、同じ形質をもつ動物を分類していく学問が始まったからです。

動物の形の不思議さ、美しさ、その行動の面白さに惹かれ、研究を進めていくスタイルは今も変わっていません。私が動物学の研究を始めたのも、学生時代に顕微鏡で見た動物の胚や幼生の美しさに魅力を受けたからに他なりません。

では動物の面白さ、魅力からさらに一歩進み、「動物を研究することで、私たちの生活に何らかの役に立っているのか、貢献しているのか」というと、直接的に役に立っているものはほとんどありません。

にもかかわらず、『「生物学」のおかげで生きている』という趣旨の企画を引き受けたとき、私は本のタイトル通り、「生物から人間の役に立つ製品の発明や産業につながったことをピックアップし、原稿を書いていけばよい」と考えていました。いわば、動物の研究が人間社会に果たす役立ち、貢献を正面から取り上げよう、直球勝負でいこうと考えていた面があるのです。しかし、それでは良いアイデアが浮かんできませんでした。


今思うと、それは「欧米的なサイエンス」の考え方、つまり「自然は脅威であり、自然を克服し、支配して人間のために役立てていかねばならない。そのためにこそ、科学はある」という考え方です。いわば、生物を支配し、とことん利用していこうという考えです。

一方、私たち日本人は、自然崇拝が思想の根底にあり、八百万《やおよろず》の神々（自然）に対して支配ではなく、「共存」の形をとってきました。実は、この考え方こそ「生物のおかげで生きている（生物のおかげで生かされている）」という、人間と他の生物との本来の接し方ではないか、と気づいたのです。

こうして「（生物の機能を）利用し尽くす」といった考えではなく、「生物の機能を利用させてもらっている」場面はないだろうかと発想を転換したとき、話のネタは身近にいくらでも落ちていることに気づきました。そうです、私たちはもともと他の動物と共存し、彼らの能力を「利用させてもらっていた」からなのです。

例えば、最初に着手した原稿は鶏卵からインフルエンザワクチンをつくるという話でしたが、これは「鶏卵の力を借りた」というものですし、GFPの蛍光で生物学に貢献したノーベル化学賞の下村脩氏は、「オワンクラゲから学んだ」と言いました。また、2015年にノーベル生理学・医学賞を受賞した大村智氏は、「土壌で生きる放線菌から力を借りた」と謙虚に発言されていました。このように、「生物に学ぶ、利用させてもらう」という発想で生物との付き合いを見たとき、「生物には非常に数多くの貢献をしてもらっている」ことに、今回の執筆を通して、あらためて気づかされたのです。

そして今日も、埼玉大学の学食で卵を割りつつ、動植物と人間との共存共栄の姿を考えています。本書が、そのような自然界の関係やしくみを理解するために多くの人々の参考に供するなら、著者としてこの上ない喜びです。

日比野　拓

金子康子（かねこ・やすこ）
1981年埼玉大学理学部卒。1983年埼玉大学理学研究科修士課程修了。1986年ウィスコンシン大学マディソン校大学院博士課程（植物学専攻）修了。埼玉大学理学部助手、助教授を経て、現在は埼玉大学教育学部教授、理工学研究科教授兼担。専門分野は植物細胞生物学。学部時代から電子顕微鏡の世界に魅了され、さまざまな植物細胞の微細構造と機能について研究を行なってきた。2009年から埼玉県羽生市の「宝蔵寺沼ムジナモ自生地緊急調査」を担当し、およそ半世紀ぶりのムジナモ自生地の復元に寄与した。

日比野拓（ひびの・たく）
1973年東京都生まれ。東京工業大学生命理工学部卒業後、東京大学大学院理学系研究科生物科学専攻博士課程修了。博士（理学）。現在、埼玉大学教育学部准教授。専門は、ウニやウミユリを用いた発生生物学と比較免疫学。

ぼくらは「生物学」のおかげで生きている

2016年 1月5日　初版第1刷発行
2017年 10月5日　初版第2刷発行

著　者　金子康子・日比野拓
発行者　池澤徹也
発行所　株式会社 実務教育出版
〒163-8671　東京都新宿区新宿1-1-12
電話　03-3355-1812（編集）　03-3355-1951（販売）
振替　00160-0-78270

印刷／壮光舎印刷　　製本／東京美術紙工

ISBN978-4-7889-1170-3　C0045